Flower shop

Flower shop

Flower shop

Flower shop

從興趣到專業
的心法攻略

計劃書 創業 花店

賴玉婷◎著

About the author

作者介紹

賴玉婷
Teresa Lai

FLOWERTIME花時間視覺藝術設計室 負責人

F.I.A.花時間國際花藝學院（FlowerTime International Art Institute）創辦人

1993年進入花店產業工作，1995年創立第一間「花時間」花店，全盛時期擁有兩間花店與一間餐飲複合式花店；2015年後開始轉型經營第二領域，引進德國、日本等多國之國際性花藝證照課程系統、成立全台各地區花藝教室，與邀請多國花藝師來台交流授課與花藝遊學旅行。2015年與德國花藝協會總部FDF Bundesverband合作海外花藝師國際培訓計畫（International education concept for florists），帶領學生前往德國蓋爾斯基興研習，考取國際性認證的FDF與IHK花藝證照，現為德國FDF Bundesverband臺灣區唯一緊密合作夥伴學校；2019年與德國FM Academy合作德國官方花藝大師證照。2016年正式與德國國家認定花藝師名人，日籍的橋口 學（Manabu Hashiguchi）老師獨家合作「德式基礎花藝師證照系統」與「橋口 學指定教室師資認證」，致力於在台灣栽培專業德國花藝人才與教師。2017年於日本東京取得日本ORNE金屬珠寶不凋花（ORNE Flower Collectionオルネフラワー協会）台灣高雄 公認校資格；2017年開始前往法國、韓國與日本等國家進行花藝遊學。

教學資歷

橋口 學（Manabu Hashiguchi）老師 獨家合作德式基礎花藝師證照系統

德國 FDF Fachverband Deutscher Floristen 國際證照

德國 IHK Industrie- und Handelskammer 商會證照

德國德勒斯登花藝學校Floral-arranger花藝師證照

德國德勒斯登花藝學校Floral-Master花藝大師證照

德國FDF Bundesverband臺灣區唯一緊密合作夥伴學校

日本ORNE金屬珠寶不凋花台灣 高雄公認校資格

花店經歷

1995至1996 開設第一間花坊 情韻花坊

1998至2015 轉型開設第二間花坊 花時間

2008 高雄捷運通車各車站視覺藝術設計

2009 高雄市新聞處世界運動會 空間視覺裝飾設計

2010 振美建設、大千麗緻、聖誕佈置、王品集團品田牧場 裝置藝術設計

2011 元和雅醫學美容花藝空間佈置

2011 吳寶春麥方店春節佈置

2012 天津港（集團）與台灣港務局合作意向花藝佈置

2012 永信建設聖誕節慶佈置‧京城建設聖誕節慶佈置

2013 美國美商快扣供應商大會佈置

2014 創辦F.I.A.花時間國際花藝學院

foreword
推薦序

在德國有專門培訓「花藝師（花店從業人員）」的職業訓練學校。除了花藝設計之外，商店的經營學、會計、社會學、市場學等各種會運用到的相關基本知識也會一併學習到，讓花藝師的職業也能成為一種活躍的專業技能。

我不但在德國受過這樣的職業訓練，也實際到過德國的花店去工作實習，而現在就植物造型理論、花店的商品、和植物有關的設計等舉辦各種學習講座。雖然講座的工作佔了大部分，但是像如此愛好有花伴隨的我，身為主宰一家花店的花藝師，每天和顧客談論著如何設計出想要的花藝，這才是真正以「花」做為我的工作。隨時有花出現在生活之中，是一件很美好的事！

能誠懇回應顧客的每一份需求，就必需具備一個專家應有的知識和經驗。透過賴玉婷老師的這本書，不論是想從花店工作開始，或是想開一間展現自我魅力的花藝工作室，相信大家都可以從裡面得到許多的建言及實惠的指導。

賴老師和我合作多年，是一同舉辦植物造型研討會的伙伴。因為這些研討會，本來在德國職業訓練學校才能學到的「植物造形理論」，如今也開始被越來越多的人知道了。希望大家能因此比花藝師更專業，將這種

世界通用的知識技能融會貫通到自己的身上。

花店是一項致力於人和文化交流的工作之一，對植物尊敬，珍惜像花藝師這樣的工作，就讓經驗豐富的賴老師來建議，我希望它將成為您「未來」的強大力量！

德國國家認定花藝大師

Preface
前 言

從我們的家庭、生活、旅遊、擅長的工作專長中，進而延伸出不同的興趣領域……在這些人生的歷程，時不時會冒出創業的因子，或是發現前無古人、後無來者的新點子。對有些人來說，可能從小就懷抱著開店的夢想，從到花店買花的客人或是來花藝教室上課的學生之中，無論什麼樣的年齡層，我總常聽到有人說：「我想要經營一間屬於自己的咖啡廳、甜點店、烘焙店或服飾店，還有其中最讓人感到浪漫的——『花店』。」

而我，就是深陷在浪漫主義裡，無法自拔的重度患者！大約在國中時期，我常會到書局購買有關禮物包裝類的書籍回家，一邊翻書，一邊反覆練習各式各樣的包裝方式，最後將完成的禮物，送給身邊的同學當作生日禮物！也許我的禮物不是最貴重的，但它一定要是禮物裡面最美的，這大概就是現在所流行的儀式感吧。

專科時期到了台中念書，當時在來來百貨旁的路邊有兩個販售鮮花的攤位，那裡是我最常駐足的地方，鮮花攤位旁邊是一家知名的滷味攤，我每天都很掙扎「要把準備拿去買花材的錢保留多一點？還是選擇滿足我的口腹之慾？」這樣的情形到了專二的時候便消失了，因為每一次，我一定都是買完花材之後再去買滷味！還記得我第一次買的花材是野薑花，我最偏愛白花帶有露珠與清麗的感覺。

畢業後回到高雄，很快就找到一間花店，一邊工作一邊學習。在二十四歲那一年，我終於實現開花店的夢想，但很快就發現那不只是「夢想」，更是「夢魘」的開始……

開店的時間越久，越發現在花店經營這一塊，不能光靠對花兒們的熱情。連帶花店裡的一切，包含訂單處理、材料進貨、成本控管、人事管理、空間設計……等，除了基本業務，還要應付五花八門的突發事件，常常讓我感到焦頭爛額，面對開店後的種種狀況，對當時那個年輕氣盛、滿懷狂熱的我來說，我選擇將所有的一切都忽略不看，直到我將所有賺到的錢，同時賠進去在營運管理的那一刻開始，我才明白，想要開一間花店，要有流著眼淚也得繼續工作的決心，同時我也對自己說，如果要哭也只能在心裡哭，因為上門的客人不會想要看到有一對哭腫雙眼的花藝設計師，如果你也想要成為一位專業的花店經營者，一定要有一手插花另一手會管理的智慧。

促使我想要出這本書的原因，起於2010年，我開始將花店的業務，轉型發展成國際花藝教學。這些年來，每每看著教室裡的學生，都彷彿看到年輕時的自己，因此燃起了想要出書與大家分享，分享從業以來含淚走過的冤枉路，還有每一個不同的經驗裡繳過的昂貴學費。

「花店」是一門入行門檻很低的行業類別，只要有心想要經營，幾乎可以說「任何一個人都可以開花店」，從街邊的菜市場到百貨公司裡，都有花店的存在。花店是一個表面很夢幻，但現實卻無比殘酷、競爭性強的行業，一般會想開花店的人，基本上都是對花兒們有強烈且熱情的愛戀，但若只存在感性層面，那是完全行不通的！

要成為一位專業且長久的花店經營者，一定要抱持著對花的熱情與初衷，再來就是到位的經營管理。若一股腦的理想化與浪漫情懷，嚴重忽略管理（Management），最後可能連上戰場的機會都沒有，就會直接Game over 了！

經營花店最重要的觀念就是——「成為一間會賺錢的花店」，要能在商業市場的競爭中，持續生存下去，這才是最重要的！一間花店從開業算起，能持續經營半年至八個月以上，就先恭喜通過了第一道關卡，想要長久的經營下去，就要持續讓花店被更多客人看到、找到、甚至消費完還對你念念不忘、口耳相傳，這又是下一個關卡了。

花店和演藝圈一樣，百家爭鳴、爭奇鬥豔，拿歌手來比喻，最關鍵的就是嗓音要有極高的辨識度，花店也就等同是你的作品、商品，例如聽到

含滷蛋般的R&B就會想起周杰倫；嘹亮、高亢的嗓音就會聯想到天后張惠妹。更深層去感受的話，我們聽到莫文蔚、王菲就好像是在看一場電影，只要能夠帶有強烈且鮮明的個人特色，喜歡聽同類曲風的人就會因為同性相吸，進而喜歡上你，並成為忠實的鐵粉，而經營花店，就是要抓住「願意對你的作品風格花錢買單的客人」。如何被大家看到你的與眾不同，最簡單的就是帶有強烈的個人風格，才能夠讓你脫穎而出。

勉勵大家，創業這條道路上就像一場沒有盡頭的馬拉松，經過前期八個月至一年的摸索，基本上應該已經累積一定數量的粉絲，之後的持久戰一定要記得保持體力，不斷學習、精進、推陳出新！

Contents

CHAPTER

1

開店流程
Start a business

CHAPTER

1

開店流程

Start a business

想要開設一間花店，
該從哪裡開始著手呢？
要注意哪些事項呢？
本章從成立品牌開始
為你介紹所有開店大小事。

CHAPTER 1
Start a business

☞ 進行登記流程

開立一家花店需要花費的時間和精力必不可少，如何將複雜且繁瑣的過程簡化為一項項我們得以付諸實現的行動呢？以下將分為幾個簡單步驟，帶大家逐步完成開一家花店的夢想！

第一步：立案

一開始要立案一間花店，首先要選擇是以開「收據」或是「發票」給客人的方式成立。兩者不同的地方在於，開收據的方式較為省稅，而以開發票的方式所營業的店，會走向規模化或是客戶多為需要發票者。

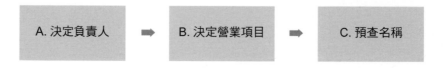

A.決定負責人

須年滿20歲且須有行為能力，若有其他工作，需注意任職公司有無規定不可在外兼職或擔任其他公司負責人，本身若有領取補助款的問題，須特別留意會不會因為擔任公司負責人而失去領取補助款的資格。

B.決定營業項目

選列公司主想要營業的項目。可以選列幾個公司主要運營的項目，舉例來說：花卉零售、花藝設計、花藝教學、商業佈置……凡是公司相關會營運到的項目都可以列入其中。

備註：前往市政府辦理時，會需要運用到營登本查詢營業項目代碼，盡量寫的

越細越好，最好將可能會營運到的所有項目都寫入，以免後續補登作業會較為麻煩。

C.預查名稱

這個步驟主要是確保公司名稱不會和其他人相同，可以運用「經濟部—公司名稱暨所營事業預查輔助查詢」網站來進行查詢，或是到「各縣市政府工商營業登記部門」現場填寫申請單，現場的工作人員會協助完成後續的查詢作業。

備註：應於公司名稱中標明堂、記、行、號、社、店、館、舖、廠、坊、工作室，或其他足已表示商業名稱之文字並置於名稱之末。

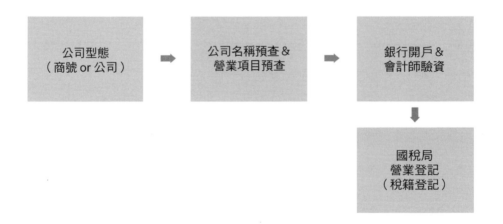

D.刻公司章

大小章（印鑑）各一顆，刻有「公司名稱」的大章，與刻有「公司負責人姓名」的小章。大小章為公司提領銀行存款、簽訂授權合約……等重大相關事項之使用，一定要謹慎保管。

E.資本額

決定公司資本額，到合作銀行開立籌備戶，並將資本額存入。

備註：記得準備預查電子核定書、負責人雙證件、負責人章，且需本人親自前往銀行辦理。

F.登記

前往登記前，需要先準備行號登記所需要的文件。

所需文件大致如下：

・商業設立登記書（登記處現場可索取）
・預查名稱電子核定書（登記處現場可索取）
・營登地址建物所有權狀影本（或房屋稅單）（自備）
・房屋使用同意書影本或房屋租賃契約書影本（自備）
・負責人身份證正反面影本、私章（自備）
・店章

備註 ：若房屋非自有而為租賃，須與房東約定房子將作為營業用，且細談租賃相關細節。因為若房屋作為營業所用，會有其他稅務問題產生，為避免糾紛，最好事先與房東談好付款方式及費用。

縣市政府設立登記	送國稅局申請稅籍登記
□ 設立登記相關文件 □ 送件人身分證 □ 大小章 □ 規費（不到四百萬都是一千元，四百萬以上每四千元加 1 元）	□ 登記文件（申請書改國稅局） □ 市政府亦有代送平台 □ 等國稅局將文件寄到營業地址（或電話通知） □ 攜帶文件、證件、印章前往國稅局簽名 □ 完成開業登記

CHAPTER 1
Start a business

☞ 大功告成

當我們跑完以上程序，代表開立一間花店所需的營業登記都已經完成了！接下來就是大展身手，將花店發揚光大的時候！

費用：

公司登記具體服務收費（分行號／有限公司／股份有限公司）

A.政府規費均收$1300元

B.委託事務所代辦行情（行號約$3000元／有限公司約$6000至7000元／股份有限公司約$7000至8000元）

輔助網站：

A.預查名稱：請搜尋「公司與商業及有限合夥一站式線上申請作業」網站

https://onestop.nat.gov.tw/oss/welcome/welcome/index.do

預查登記表範例：

B.登記申請書，請搜尋「商業登記申請書」

範例：

☞ 開店地點分析

一線城市

在台北、台中、高雄等一線城市創業的好處是，當地的人口數眾多與經濟發展活躍，消費行為也較其他縣市的機會更多。亞洲與台灣地區的送禮文化，不像其他歐美國家，將花禮當成生活中的一部分，但因為一線城市的文化展演與國際交流活動，間接影響了當地的生活文化，因此在大城市經營花店，較有成功的優勢與資源；但相對的機會越多，競爭也更多。

小城鎮

在人口數較少、人口年齡層不均衡或觀光地區開實體店面，也不一定會失敗，但需要將行銷策略轉為網路或與在地產業合作推廣。現今網路社群相當發達，在自己的社群上發文或是追蹤喜歡的項目，頁面上也會進一步再推薦你可能喜歡的項目，因此店面的定位與推廣，一定要有自己的特點，例如：會吸引網美前往拍照打卡的景點、貨櫃屋花店、三合院花店、玻璃溫室花店……才能成功的在行銷上引起關注，相對的也會與在地的推廣文有一定的連動。如果還是擔心花店在經營上會比較吃力，建議可以搭配穩定的複合式經營項目，例如：咖啡廳、餐飲業、伴手禮店等。

主要交通

交通便利是重要的商業考量，開店地點可以選在大眾交通運輸周邊、捷運站裡面或是百貨公司駐點，花店主要以停車便利、周邊設有停車格或停車場為佳，以上條件都會影響過路客流量。

商圈＆商店街

在商圈或商店街裡面開店，因為商圈多半在周邊交通上已進行規劃，且客群已經熟悉該商圈或商店街的周邊動線，所以會減少交通便利上對花店帶來的的困擾。

商圈跟商店街本身有一定客流量，所以對於新開的店面在建立品牌能見度上，有一定的加分效果與效率。

黃金三角窗

不論小巷或大馬路旁都可以，因為實體店面本身就能讓人感到踏實，各方面都讓人感覺有保障，若能將店面開設在三角窗地段上，更是一個很好對外宣傳的廣告。三角窗的優勢在於：裝潢的採光佳、招牌更明顯、客流量能從四面三路來；另外有些三角窗店面上方，也有廣告欄位可租借，讓花店的視覺印象更容易被記住，若產品好、形象佳，則更容易獲得訂單。

特定區域

例如店址設在文教區時，在教師節、畢業季、文藝展演……會有一定的潛在客戶。地點在商業區時，則多為辦公室商業往來的紅白帖訂單、情人節訂單。

若臨近醫院區，可能多為探病、醫院節日佈置、感謝醫護人員的訂單。而店面在住宅區時，則客群多為購買生活日常鮮花、盆栽或花藝課程的人。殯儀館周邊的花店，業務多為喪禮弔唁花籃、告別式會場佈置。而特種營業場所附近的花店，可以推出多采多姿且花俏的花禮（單價也可以較高），惟營業時間需要調整配合。

工作室

工作室成本相較於實體花店低，也更私密且個人化，工作室的地點可以參考上述地點的想法，也能夠任性的選擇自己覺得舒服的地點、環境與空間，條件相對自由。但地點若較為隱密，則不會有固定的客流量，這時就需要多做業務拓展的努力；另外需要注意的是，工作室前的巷弄還是要有能夠提供小貨車上下貨的空間，盡量以不低於1.8米巷弄為佳。尋找工作室的租賃處時要注意，通常租金低於行情價格的單位，大多位在巷寬偏窄的地方。

☞ 開店前的學習建議

目前台灣並沒有硬性規定,開花店的從業人員要具備相關的證書或執照。但站在現實層面考量,花藝設計畢竟是一門專業,必須經過無數次的練習,才能達到一定的技術水平。如果赤手空拳、毫無準備的踏進花店這個產業,可能很快就會讓所有理想消失殆盡。若缺乏基礎的職業訓練,在面對日新月異的消費型態上,是難以應付的。

怎麼讓自己快速養成基礎職業訓練呢?

理想的條件下,就是找一間符合自己未來開業條件所設定的「夢想花店」,加入他們的工作團隊學習。如果沒有理想中的花店,或是找不到職缺時該怎麼辦呢?可以將目標條件轉為尋找「已經在市場上經營了一定年資」,而且「營業項目與資歷都相當齊全」的店家去進行職業訓練。不建議將自己投入完全不是自己理想條件的店家,因為勉強接受可能會消磨工作的熱情,而另一方面也會在無形中影響了自己未來的商業行為,甚至一不小心,格局就被框架住了。

想要開一間花店,可以先在花店工作,從助理做起,這能快速認識花材名稱、養護方法,搬運與整理,接待客人 都是在花店會遇到的課題。在花店工作,會遇到好的顧客,當然也會遇到讓人感到為難的客人,學習並摸索如何應對進退,會讓自己有更大的進步,未來在服務自己的顧客時,更能掌握與人相處的訣竅。

夢想是很美好的,但現實不是只有好的一面。助理要做的事情很多,前期會很辛苦,光是一堆花材與資材的名稱,就可以記到頭昏眼花。要能吃苦搬運重物,同時還要有耐心將花朵去葉、剪枝、換水……光是整理花材的工作,就可能消耗掉所有的耐心。除了主要的鮮花養護,店面的文書處理、日常打掃也是少不了的。為了以上這些體力勞動,保持身體健康絕對是第一重要的。

完全無花藝基礎的助理,短時間內只能看著花藝師或老闆插花,但光看不動手是無法成為花藝師的,助理通常要熬上兩到三年的時間,才有辦法成為花藝師。雖然擔

任助理的過程通常充滿辛酸血淚，但這些過程都會成為以後開店的養分與紮實的基礎，如果是在自己喜歡的花店累積經驗，相信都會是非常實用的實戰體驗喔！

從助理到獨當一面的花藝師，必須主動學習。成熟的花藝師在店裡能教你的時間很少，畢竟花藝師主要負責完成每天的訂單，如果能主動詢問花藝師相關的知識，會比單方面等待傳授要好得多。

如果不能在花店上班，要怎麼精進實力？

如果是要維持原本正職的工作，並一邊培養基礎的實務訓練，那花藝學校與花藝教室就是你的最佳選擇。這幾年坊間的花店很多都開始拓展花藝教學的部分，國內外也有很多為花藝師所設立的花藝學校跟協會，在學習的選擇上相當多元。

國外的證書課程，注重花藝理論設計，與有系統性的學習，並非刻板地模仿作品，以能形塑自己的風格為主要的基礎。若有勤勞的練習加上自我風格的呈現，在花藝作品的展現，一定可以有很好的成果。

怎麼選擇適合自己的花藝學校、協會或教室呢？

Facebook（臉書）與Instagram（IG）都是現今最常被使用的社群平台，可以關注是否已有親朋好友正在學習花藝，從已經在學習的人當中，去了解實際的上課情況及作品風格，或是從身邊查訪有沒有人在從事相關產業，便能虛心求教；如果都沒有的話也沒關係，網路跟谷歌是最方便的工具，可以先行搜尋各相關網站，尋找自己喜愛的風格。而只要在搜尋引擎打入「花藝教學」的關鍵字，就會出現許多的選項，在茫茫網海中，作品能吸引到你的花藝教室，就是你的選擇之一，但若是想要系統性的學習，那擁有花藝證書認證訓練的學校、協會或機構，則是最好的選擇。

很多剛開始想要從事花藝工作的人都會有一個疑問，需要考取相關證照嗎？有句話說：「不斷重複做單一的一件事便可以成為專家。」如果規劃從事花藝助理是你的第一步，而找到一個能夠系統性培訓的課程，並獲取證書，便是讓你加分的工具，一張專業的花藝證書，就是求職的敲門磚，證書能夠為你的履歷背書，代表專業的程度，在成立工作室或是從事花藝教學時，可以幫助你獲得更多的顧客以及他們的信任與認可。

以下提供各國較為知名的花藝學習系統，可當作參考：

德國：德國花藝師協會FDF Bundesverband・德國國立花卉藝術專門學校
　　　Weihenstephaner

中國：cnfloral花藝在線・SIKASTONE EDUCATION：鹿石花植教育・FSO歐芙花藝

英國：Mc Queens Flower

美國：Holly Heider Chapple Flower

法國：Catherine Muller Paris・Christian Tortu

韓國：Doudes fleurs・Vaness flower

荷蘭：Boerma Lnstituat Linternational Floral Design

日本：池坊東京會館・小原流・草月流

台灣花藝相關協會：CFD中華花藝設計協會・TFTD台灣花店協會・CFA中華插花協會・NIFA新國際花藝協會

☞ 花藝產業調查

商場上沒有永遠的朋友或敵人，創業前如果可以對市場現況有一定的統計調查，絕對是有幫助的！一間經營多年或擁有一定追蹤量、支持者的花店經營者，本身絕對在商業市場上佔有優勢。因此如果可以親身走訪各縣市或網路上品牌經營成功的店家，仔細進行紀錄、分析，說不定能夠有截長補短的體悟，能應用在自己開花店的實務操作上。

對於自己店面所在的縣市，不只要先了解所有產業相關的供應廠商，像是切花銷售據點、園藝植栽、花店資材販售、進口資材、乾燥花與永生花資材……更要清楚地知道與你同類型的鮮花店、乾燥花店、永生花店、仿真花店、複合式花店、園藝店……若能了解每一個店家的風格特色、強項、經營模式、販售週期，可以幫助我們找出適合自己的經營方法與優勢，加快自己進入這個產業。

地區性消費結構

藉由閱覽書報、了解現今的環境，去分析其中的消費結構，觀察大眾除了購買基本的民生必需品外，對於空間、裝飾、藝文、美學等與之相關的一切事物，有什麼樣的消費習慣、分析消費者購買的種類、訪查有沒有哪一些企業與店家會常用花藝裝飾？在什麼樣的情況下會用到花？大眾對於買花是否有一定的觀念或是願意花多少預算在買花這件事情上？完成這些調查後，能夠更清楚的定位你的花店商品價位。

合乎法令的營運管理

依照各個國家的法令規範，從業前我們必須提出正式的申請，並取得合法的營業登記證、依法納稅。創業初期只有我們自己一個人，自身的勞健保可依附家人或是由其單位代為加保，那就可以不用急著加入花藝工會。但在規模擴張後，我們會面臨雇用員工的情況，這時加入花藝工會就是必要的，負責人本身一定要加入工會的勞健保，工會也可以協助處理僱員的勞保與健保。

☞ 開店要有的心理建設

體力的鍛鍊

如果沒有一開始就預備好可以合作的花藝設計師，那自己擁有足夠上場應戰的能力絕對是必須的。想要成為一位有潛質的花藝設計師，要有敏銳的觀察能力，更要搭配一雙靈巧的手和一個健康強壯的體魄。在這一行隨時隨地都需要搬水、搬土、搬盆栽、搬海綿……某些作品完成後，甚至比一個人的身高都還要高！除此之外，還要做好在各節慶與大日子裡超時工作的心理準備，像我從業以來最高紀錄是曾在情人節期間，連續工作四十八小時都沒有休息！

懂花與設計

從事花店經營前，我們要認識基本的花材與植物、每一種材料的造型種類、保存與養護方法、商業色彩搭配、商業花藝設計種類、花材故事寓意、不同場合搭配……上述一切都是在告訴我們必須重視自己對於這個產業的培訓，一定要與時俱進，並且做到專精與專業。

文案撰寫

實體與網路都需要好的廣告文案與行銷做輔助，如果對於行銷與文案都沒有頭緒時該怎麼辦？基礎介紹的建立，可以參考別人的文案架構，將基本的項目、架構都寫好寫足，貼近時事呈現，接著想辦法增加曝光度，除了擁有好的作品外，讓作品可以被世人看見，才是最重要的目標。

CHAPTER 1
Start a business

☞ 網站經營

隨著現代科技日新月異的發展，儼然已是不出門便能知天下事的時代，無論食衣住行，只要在網路上，滑一滑、點一點，即可馬上送到家，或是享有服務。因此若社群經營得宜，可以使我們更快貼近消費者的需求，更能夠將業務範圍推的更加廣闊！而花店的社群經營模式，可以大致分為以下四種：

客製化網頁設計

推薦度 ★★ ★★

優 點 品牌形象質感更完整，設計選項自由活潑，有專業人員可以進行諮詢與服務，前後端介面設計可完全客製，可升級的系統串接服務更多元。

缺 點 設計與維護費用較高，對於自己的產業服務項目要能清楚掌握，架設過程需要較長時間與設計公司進行溝通確認，金流管控問題較不完善。

選擇網頁設計公司為自己進行官方網站架設，因為各家公司設計費用不一，事前需要多花點功夫在查看設計作品與費用評估調查上。對於自己的設計預算與服務需求要條列清楚，因為沒有既有的模組化版型可以套用設計，一切都要自行主導或發想，商品打樣的花費時間也較長，但優點是可以創建自己心目中想要的網站樣式。金流（付款方式）問題可能較不完善，有些公司的設計方案包含一條龍金流服務（庫存狀況、銷售分析、會員消費分析、業績統計等），功能更完善，但每年支付的維護費用也更高，通常為依照設計費用乘以不同％數做計算。

套版型網頁設計

推薦度 ★★★

優 點 可直接參考現有模板直接套用設計、費用較為低廉、架設過程方便快速、後端管理介面簡單。

缺 點 設計版面選擇上較為無趣，架設過程中容易感到綁手綁腳，完成品易與

其它用戶相同而造成品牌形象模糊、升級服務項目少。

適合新手的網站經營方式，操作起來也很方便，費用相對客製化網站低廉許多，有些設計模板網站甚至是免費提供給大家使用，但每個單一升級串連服務都須另外加收費用。使用公版可以減少架設網站所需的時間，因為操作簡單所以網頁版面可以提供的商品或是服務選項也較少，若設計不佳也會造成使用者在瀏覽網站時不流暢、減低消費意願，更會因此使整體品牌形象大打折扣。

參考範例：

九灰花藝
JoyWhen

http://joywhenflowerdesign.com/
（使用wordpress.com建立）

艾瑞兒花藝
Ariel's Flower

https://www.arielsbouquet.com/
（使用shopline.tw建立）

網路商城／電商平台（Pinkoi、蝦皮等）

推薦度　★★★

優點　可以使用平台現有模板直接架設，網站常有行銷活動可合作搭配增加訂單量，品牌可以依附平台原有流量增加曝光度。

缺點　申請方式繁瑣，有些商城需提案企劃經過品牌選拔後才能進駐，平台抽成與手續處理費高。

進駐網路商城或是電商，建議選擇規模較大且申請手續較為繁瑣的平台，平常可以提供給買賣雙方的法律規範完善、更能保護品牌形象；商城的會員數眾多也符合現今的消費模式，進駐設計品牌類的商城，顧客群更能符合自己品牌的目標受眾。平台上更有眾多的季節性促銷活動可以供商家參與，進而帶來更多的訂單量。

社群應用軟體（Facebook、Instagram等）

推薦度　★★

優點　不需申請或是架設費用，可經營生活化的品牌（個人）風格。

缺點　需支付平台廣告費用做行銷，依照廣告預算不同，可能會需要較長的時間才能累積一定的客群。

社群軟體的經營應用，與網站架設的不同，在於需要花時間以生活化的角度切入受眾經營品牌形象，依照軟體的使用年齡層不同，在撰寫文案上也要有所區隔。社群軟體與上述的商城、電商相同，本身已有眾多使用戶，所以在推廣品牌上也較為便利。但社群經營模式，有時也要小心中央系統的作業錯誤，而產生所有經營的一切付諸流水，販售商品時，更要考慮後續的客戶服務及金流的便利性；因此，社群軟體較適合作為經營品牌形象，但若使用在花店產業上，還是較建議上述的其它項目。

☞ 行銷策略

網路行銷

花店行銷首重在實體店面，因為實體可以讓顧客現場感受品牌風格與體驗商品，是增加品牌信賴感很重要的一個關鍵；但現代人消費習慣不斷的在轉變，現今的消費者，偏好在網路上先對渴望購買的商品或是服務項目，蒐集品牌相關的顧客回饋、附加效益、商品資訊……再進行消費行為，所以花店除了保有實體行銷，同時也要更注重網路行銷的經營，將每季的廣告投放預算納入開店的管銷中是絕對必要的。

節日行銷

在台灣一年當中有許許多多的大小節慶，舉凡農曆春節、西洋情人節、母親節、父親節、中秋節、聖誕節……等，在這些年度固定的節慶當中，也穿插了生日、週年紀念、畢業季、水蜜桃季、芒果季……等大小不同的季節性活動，這些親朋好友禮尚往來的日子，都是花店要好好把握的節日行銷。理想狀況是在節日到來一個月前完成打樣，並在前三週進行商品曝光與預購，除了能夠搶得第一步的商機，更能為花店的經營管理上帶來更完善的規劃。

主題市集

報名參加各種主題性的市集活動，可以藉由市集增加品牌對外曝光度與推廣商品外，更能配合各種主題或市集的在地特色推出不同的限定商品，營造品牌的設計多元性，參與市集的過程中，能與周邊不同產業類別的品牌互相交流，認識新朋友、增加合作機會，也能學習其他品牌成功的優點。

體驗行銷

體驗行銷主要是為消費者提供一些體驗的活動進而促使交易行為的產生，因為當

我們在購物時的感性與理性是同時並行的，那什麼是體驗行銷呢？坊間最常見的就是試吃、試喝、試聞、試用包……等，免費或是以超低價的商品、活動吸引消費者進行體驗。在花店也可以透過一些小型花禮體驗課程、買高價商品贈送免費單枝花束等，吸引顧客。

複合式經營

複合式經營顧名思義就是一間店面內，結合兩種以上的產業別，例如IKEA的家居產品結合餐飲、書局結合咖啡、乾洗店結合漫畫……等都是複合式經營的例子。花店複合式經營則要思考消費者在進入店內後，可以再增加什麼服務或是商品，同時擴展營業項目增加更多收入。飲食是每個人每天必須的，如果一開始沒有太多頭緒的話，可以從餐飲的項目先開始進行。

花藝課程

定期開設花藝課程，讓一般或潛在的顧客，利用課程理解花藝是一門專業且繁瑣的工作，藉著不同主題的課程內容，展示品牌不同面向的花藝風格與實力，開始耕耘品牌的忠實粉絲。

口碑推薦

用心做好每一張訂單，就是為下一張訂單做鋪路，讓客人的好口碑為你打廣告。

☞ 品牌設計

CIS（Corporate Identity System）企業識別系統 ，CIS主旨在建立一間公司（品牌）的形象，其中最具代表性的一項就是LOGO（標誌），進而延伸出的一系列相關的產品。品牌設計，對於花店是非常重要的。品牌設計代表著顧客的第一印象，代表著品牌的辨識與所帶來的信任感。品牌價值一旦被消費者認同，就可以進行品牌擴張（分店），以創造更多利潤。

CIS為下列三大要素所組成：

・MI（Mind Identity）理念識別：共同認可的理念，代表著企業的文化、精神與理念。

・BI（Behavior Identity）行為識別：包含品牌內部與外部的一切行動，例如：對外的服務水準、對內的教育訓練等。

・VI（Visual identity）視覺識別：是整體企業識別中傳播和感染力最為具體和直接的部分，包含LOGO、品牌顏色等。

簡單來說，將CIS（企業形象）的概念當做是一個人，LOGO就是他的臉，MI（理念）就好比是他的想法，VI（視覺）是他的整體外表，BI（行為）則是他所表現出來的樣子。將上述的概念舉例並作為分析，如下：

· MI理念識別：成立品牌的初衷是什麼？可能是開始喜歡花、學習花藝的初心，像要傳遞生活美學、為生活注入儀式感、每一份用心設計的禮物……等。

· BI行為識別：創業初期，通常是一個人扛下所有事物。因為成本考量的關係，無法擁有助理與員工。每天透過IG、FB等社群軟體，貼文分享工作日常、花材、作品等，是必須且重要的事情。發文內容可以是接到客人訂單的喜悅、製作過程到細心的出貨包裝，這些都是呈現給外界的行為感，讓客戶知道自己的用心很重要，而這類的發文便是將自己的用心傳遞給其他人的方法。

· VI視覺識別：整體感覺是從每一個環節推砌而成，像是親手寫卡片就是很好的選擇，但是寫卡片最好有固定的字體、一致的色調，或是電腦精心排版的賀卡。其他像是有識別品牌的專屬圖形、徽章、專屬的緞帶、提袋、包裝盒，或是使用現成的包裝品，都可以提高花店給人的視覺識別。網路上有販賣很多專為花藝作品設計的提袋或是包裝盒，例如網路店家：盒情盒禮。在現成品外貼上印有識別的貼紙，和其他品牌做出差異，並且統一化，才能強化顧客的記憶。當然，藝術化的美感也是基本要求。收到花禮的客人，能夠不斷看到自己的用心，也能不斷看到整體視覺識別，進而受到感染，增加收到時的喜悅、贏得好感，讓顧客在想買花時能更有印象的找到你，也可以增加QR code或App連結，將花店或是工作室的信息傳遞給更多受眾者，透過一連串視覺符碼，不斷累積客戶資料和顧客印象。

· 設計過程範例：

早期　　　　　　　　　　中期　　　　　　　　　　　　　　　目前

☞ 品牌命名

一間花店的命名相當重要，品牌的名稱需要與品牌的設計者自身有很強的連結，這個名字就如同自己想要給人的形象一樣。那命名可以從哪些部分著手呢？像是最喜歡的單字、具有代表意義的單字、要傳遞給顧客的理念、不同語言產生出的諧音⋯⋯等，都是可以嘗試帶入的部分。另外要特別注意的是，品牌讀音是否容易與其他東西產生聯想（尤其是自己想要避諱的部分），品牌名稱是否容易帶給客人的記憶度，這些條件都要多重考慮。以下提供一些命名的想法：

· 以花材命名：像是百合、星辰、玫瑰、紫陽花⋯⋯直接以喜歡的花材命名，可以參考花材的別名、英文或是拉丁文學名。

· 以植物品種命名：很多植物的品種名，多半是以植物本身具有的「特色」去命名，所以給人直接或容易產生聯想的感覺，例如：小夏、微光、白鳥帽子、春羽、玉露⋯⋯等。

· 以地名與花名連結：巴黎和玫瑰、鎌倉和紫陽。

· 以帶有「花」字的組合命名：花時間、花寓、花店、弄花。

· 以因植物產生的諧音組合命名：浪花、煙花、植爵、蕨醒、植迷。

· 以創辦人名字或組合命名：森林遇、葳進、采心。

· 以英文名字組合命名：使用自己或是家人的英文名字，例：Ariel's Flower艾瑞兒花藝。

· 以其他國家語言命名：Duo Des Fleurs 是法文「花的雙重奏」、alle是德文中「圓」、Prozess是德文「我到我們的過程」。

· 以中、英諧音搭配命名：九灰Joy when、哈模尼Harmony。

· 以狀態或行為命名：看見綠、敲敲門、幸福、晴天。

· 以藝術或文化命名：慕夏、夏比花園、文藝復興。

除了具體存在的人事物，店名也是一種狀態，「花時間」的店名，是因為創業初期，我的動作很慢，總需要特別多時間才能完成一件事，因此家人隨口一句的花

時間，反而變成了我的店名。店名可以是任何一種可能，特別的店名，常常能在第一時間讓客人留住印象，朗朗上口的名字、創意的店名更有意想不到的效果，並且能夠擁有自己的風格。之後加上社群網站的架設，能更有統一的一致性，並能夠加強整體品牌的設計感。

☞ 花店設計風格

賣花是一門藝術，花店的空間設計則是一種風格的傳遞，在所設定好的每一個角落將風格傳遞給顧客，因此空間設計的好與壞，會直接影響花店的成敗。空間與商品同等重要，都是顧客優先感受與接觸到的項目。店面要具備特色、吸引目光與帶給人舒適感，整體空間在機能使用上，一定要適合自己的產業別。

在淘寶的網站上有販售各種空間設計，只要打上「花店門頭設計」就可以搜尋的到，裡面有很多合成的圖片，可以從中尋找自己喜歡的風格與設計，另外建議花店中盡可能保持多餘的空間，預留給節日佈置或是訂單較多時，商品得以存放的地方。

想要成就一間自己的花店，首先一定不要管現在流行的風格，而是要專注將重點放在自己喜歡並且能夠發揮的領域，絕不盲目追逐流行，這樣容易失去自我，當流行退燒後，將面臨一屋過時的設計，想要再轉型回自己想要的風格，面臨到的

第一個問題是需要耗費金錢、時間，另一方面則是轉型期間，所流失掉的原顧客。

如何將個人風格運用在店內空間呢？例如我最喜歡的顏色是紫色，就可以將重點放在研究紫色系的花材、紫色系的包裝，花店只賣紫色的商品，用以突顯花店在市場中的獨特性，而且開業後所吸引到的客戶也多會是喜歡紫色的客群，除了具話題性，相對來說客訴的狀況也會降低。

也可以依照自己的喜好改成經營植栽、乾燥花、蕨類植物等的單品專門店，走出自己的市場。設計感強烈的作品也許親和度較低，但由於特別度高，就像非主流的音樂作品，容易從市場中跳脫出來，例如：暗灰色調、異材質結合，一旦客人想要找尋該類的作品，腦中第一個浮現的絕對會是你！確定自己要的風格並一步一步的朝向專業化經營，而不是每一個種類都想做，這樣可能會變成雜亂又無法突顯特色，缺乏記憶點，一個不小心就讓自己迷失在市場中。

從花店經營者的經驗來說，「簡單」是最不退流行的設計，簡單的工作空間可以減少繁瑣的清潔工作，裝潢上一定要使用「耐髒」的材質。只有減少這些基本工作上花費的時間，才能將時間與精力放在從事精緻的製作，構思更多的創新設計上。

以下是一些花店常見的風格介紹：

文藝青年

文藝青年就是耳熟能詳的文青風，文青風格就是將自身所包含的一切，體現在所創立的品牌當中，可能是代表著一種嗜好、興趣、個性……等，讓品牌風格完全呈現出「自己」，也許不符合大眾所期待，也可能不符合流行，但也因此更容易走出獨特性。但要注意的是，品牌也不能過度沉溺在自己的世界，而忽略花店最基本的商業性。

歐式古典

歐式古典主要是重現各種不同文藝時期的風格,也是花店中最常見的風格之一。以洛可可、巴洛克、維多利亞、新古典居多,在古代的歐洲,花藝是王公貴族、皇室與教會的專利。歐式古典的空間設計重點,是華麗、雕工精細、優雅的線條裝飾、浪漫、典雅與充滿高級感。另一種歐式古典的應用,可以設計在簡單、清新的空間,有別於經典給人的華麗感,改用明亮、乾淨的色彩,融入一些質樸古舊的歐式老件,營造歐式古典的柔和、慵懶感。

極簡現代

線條乾淨、留白、極簡等,少即是多的空間設計,此類的設計在收納的設計部分是最大的挑戰,家飾物件少與大量的留白是風格的表現重點,像是將花店當作畫廊或是攝影棚的感覺經營,這類風格也很適合小型的空間,留白能讓人有空間放大的感覺。

鄉村雜貨

鄉村雜貨也常與日系的風格結合或是聯想在一起,綠色植栽搭配著木材、鍛鐵、花草與各種花樣的布匹等家飾,主要呈現田園、新舊融合的感覺。空間設計上要特別注意分類與整體性的連貫性,小細節的配件妝點,像是圍裙、工作手套、各種鋪墊與澆水器等,都可以為整體空間更加分。

懷舊復古

台式懷舊復古風，花磚、磨石子、壓花玻璃（方格、長虹、海棠花等）與窗花鐵件等，都是台式復古常見的設計項目，若是選址在老房子的空間，可以保留部分具有時代感的物件，融合新與舊的設計，整體空間簡約、素雅，就能創造質感、具有特色的空間。

美式風格

自由、率真的象徵。所謂的美式風格，更追求休閒式的浪漫感，其中最常被運用在空間中的就是「壁爐」。可以將壁爐作為拍照主軸的背景與形象，聖誕節與壁爐的裝飾就是美式風格的經典代表。優雅通透的格狀玻璃，可以作為簡單的隔間牆，或是大門的兩側，再擺上隨意妝點的盆栽，也可以傳達休閒感，窗戶可以運用百葉窗，修飾西曬的陽光，也可以當作拍照背景，且一定要搭配自然採光。

👉 花店與複合式經營

一間花店有基本所需要經營的商業項目與產品，像是花禮、植栽、花材零售、活動佈置、固定換花等。為了維持更穩定、長久的營收，現代的花店也開始加上複合式的多元經營。複合式經營的花店，最常見的項目是花藝教室、餐飲、咖啡、烘焙、選物、家飾等；其次像是活動企劃、民宿、書店、觀光花園、海內外旅行、遊學等，也是別具特色的項目。複合式經營需要更多的管理、人事等相關的成本，經營者也需要額外花更多力氣兼顧兩者。好處是複合經營的服務，可以增加更穩定的收入來源，花店品牌也能帶給顧客不同的氛圍，並增加品牌的記憶度。而兼具複合式的項目之餘，還是要時常提醒自己，好的花藝基礎才是花店真正的扎根，絕對不能模糊了開花店的初心。以下就較常見的複合式項目進行解說。

花藝教室

開設花藝課程，是花店最不偏離本業的複合式項目之一，在經營上可以與花店共享所有一切資源、分攤成本，創造更多的盈利、銷售與行銷的機會。在購買花藝贈禮之餘，也可以利用手作課程，讓生活環境持續有花、增加儀式感。藉由花藝課程，與大家分享進入花藝的初衷、培養忠實的粉絲。課程規劃上建議可以從分享美學、品味生活的簡單單品課，到與年度流行項目相關的具有話題性的課程。很多學習時間較長或是嘗試過許多單品課的學生，會漸漸或直接轉向常規的系統化課程。市面上花藝學校與花藝教室眾多，建議自身累積一定的經驗與資歷之後，對於複合式教學的規劃、掌握度等都更加成熟，定位自己的花藝教室是鎖定在什麼樣的客群（也可以觀察花店周邊的生活圈性質下去設計），與教學的初衷、目標是什麼，都是很重要的。

餐廳 / 飲食

餐飲類的複合式經營模式也是常見的項目之一，藉由簡單的飲品、餐點，可以讓顧客在買花等待的時間或是諮詢相關服務項目的過程中，享受一頓美好的餐點，同時販售花店生活的體驗；像花店結合咖啡廳的形式在日韓、歐美都非常流行。花店結合餐飲類的複合式經營，最大的考驗之一是空間的規劃與切割，食物與花藝要求的經營條件非常不同，花店區域需要確保店面的空間氛圍與營業過程不被打擾，餐飲區域則需要乾淨與整理環境的體驗；建議採預約制的經營模式，在業務訂單的掌控與空間的使用品質上都可以更加優化。

家飾 / 選物

花店在花禮販售或是空間佈置等過程當中，最常被詢問到的就是，裝飾物或是花禮本身的選物是否也有銷售，這些延伸物是花店可以經營的收入項目。花禮與花店相關的選物，不單單只是為花店創造收入，一個品質優良的花禮或是裝飾選物，更可以為花店品牌帶來更高的質感與風格屬性，就像為品牌代言一樣，增加同調性的顧客群體。

CHAPTER 1
Start a business

活動 / 企劃

活動佈置是花店的高營業額項目之一，經營初期需要投入的成本高且作業流程複雜。活動的佈置、企劃，需要豐富的專業知識與實戰經驗，不僅要熟悉基礎技能的部分，更要能不斷吸收新的設計想法、推陳出新，才能在市場上與其他人競爭。一個好的活動，除了需要有美麗的花藝裝飾之外，更需要有整體活動的企劃宏觀與優秀的業務溝通協調能力，要能夠在短時間的諮詢（或僅是在場勘過程當中）搶先贏得客戶的信賴。與場地相關的廠商、政府機關、公司企業、飯店餐廳維持友好的合作關係，也是增加合作機會的條件。

旅行/遊學

花店營業項目常常與婚禮、設計等相關，像是捧花、胸花、桌花到空間與整體活動的佈置，這一切都可以結合國內外的旅行、海外或戶外婚禮、婚紗攝影，一直到花藝遊學，都是能夠作為複合式經營的項目。

☞ 花店的空間規劃

主要牆面視覺

花店建築物的內與外，都需要主要的視覺牆面，機能的考量上是要讓顧客可以尋找、辨識店家，品牌也將此主要區域，作為商品拍攝、廣告攝影等置入性行銷使用。主要視覺區域內，必須置入品牌的商標、招牌、廣告燈箱或是其他相關的輸出品，如果一開始沒有太多的想法，可以考慮使用黑、白、灰等無彩色，去做基礎的簡單搭配。

操作區

操作區是花店完成工作業務的行動空間範圍，像是鮮花的用水、整理輪替、商品製作、資材收放、垃圾的分類等……當中最重要的是，商品製作的操作空間規劃。門市的工作區，常會是決定好購買的商品後，一直到花藝設計師完成商品整個過程的目光焦點區，如果花店的整體空間無法規劃出顧客等候區，那操作區就會是顧客記憶此間花店的印象決勝地。操作區建議至少要有180°以上的活動範

圍，使用的流程與動線上要流暢，包含商品製作過程中的前後左右轉身，所有商品相關資材的拿放收納，操作區域是否便利清潔與整理，到最後的商品包裝與出貨存放，以上這些條件都要考慮在其中。

用水水槽

花店的用水設計，檯面上的選擇要注意選用深度至少30公分以上的水槽，便利於較大量的鮮花海綿浸泡，或是清洗具有高度的容器時使用。在靠近地面的部分也要做用水的設計處理，利於在較重的用水情況下做使用，像是較重的容器清洗，與替換花材時大量的用水與花桶清潔。用水區域的周邊環境或是櫃體材質，要注意防水的處理，不要擺放容易受潮、變質的資材，像是乾燥花、永生花、包裝紙、包裝盒等。排水孔要做好使用上的防護與定期清潔，避免海綿等較細碎殘渣造成阻塞，或是花材植物容易因長期堆積腐爛而孳生蚊蟲，影響整體的環境品質。

包裝資材

包裝資材從包裝紙、禮盒、緞帶、提袋、貼紙、花卡、商品保護盒、郵遞出貨箱……都與花店的品牌風格直接相關，不管是訂製品或是現成品再二次加工，都需注意不要引進過多具流行代表性的物品。如果沒有太多想法，建議一開始以基本的透明、黑、白、牛皮紙色為佳。

儲藏空間

花店所有一切資材、工具等都有基本數量與預備庫存，店內的收納空間與儲存空間（或稱倉庫），要有相對應的存放空間，在設計上要考量實際使用情況的收放順序便利性，更重要的是物品能夠一目瞭然便於清點數量，可減少重複購買，或是因過度、過久的囤積，造成營運管銷上的浪費。在存放工具資材類的範圍外，若空間範圍許可，可規劃出一個空白區域，作為活動場佈或是大節日訂單量較大時的臨時擺放空間。

鮮花冰箱

經營花店，遇到最多人的疑問就是需要買鮮花冰箱嗎？我的答案是：「如果資金足夠，那鮮花冰箱是絕對需要的！」一般的鮮花冰箱分為展示型與倉庫型，展示型冰箱適合門市或花藝教室使用，而倉庫型冰箱適合主力為會場佈置、二手花店及大型業務量的花店。擁有冰箱的最大好處就是，每當年度大節日，像是情人節、母親節、父親節、聖誕節、農曆新年等，業務量爆炸成長時，我們的進貨成本與商品訂價，依然可以維持穩定。因為在大節日之前，花市的花材價格，都會較一般日子有大幅度的上漲，就連葉材類都會貴上許多倍。這時若花店裡面有冰箱，就可以提早進貨、預先存放。在進貨種類上要注意，一定要選擇較耐放的花材。

鮮花冰箱與一般食品冷凍冰箱是截然不同的，曾經有學生向我詢問，家中是販賣二手傢俱的商行，剛好收購到一台食品的冰櫃，可以拿來冰鮮花嗎？答案是不行的喔！因為花材的存放溫度需要調整在5至8度、相對濕度85至95%，這樣的溫度與濕度才是最適合花材的。而鮮花冰箱擺放位置有什麼需要注意的？建議可以將壓縮機移至戶外，因為冰箱在降溫時會發出相當大的聲響，壓縮機在戶外可以保持花店空間的寧靜。如果初期沒有採購冰箱的預算，又遇到訂單較多，或是臨時接到大型會場佈置時，可以向熟識的花商詢問是否有提供短期租賃冰箱的服務，讓你可以暫時存放大量訂單的花材。

從花市採購來的新鮮花材，因為每一種的價格、存放期限長短各有不同，這時候冰箱就扮演了非常重要的角色，守護我們的成本。價格昂貴、嬌嫩的花材，都需要低溫與濕度才能長時間保存。熱帶與蘭花類的花材不適合放在冰箱中，鬱金香、風信子這一類花莖較短的花材，可以選擇將它們擺放在冰箱的上層，因為這一類的花材需要較低的存放溫度，若放在靠近冰箱門口的位置，因為冰箱不時需要開關，熱氣反覆進入冰箱，會造成溫度不穩定、加速開花的速度，因而影響存放壽命。如果不確定花材適不適合擺放於冰箱內，可以先以在花市看到時的花材存放位置做判斷，或是直接詢問販售花材的花商。

鮮花陳列區

從花市採購到完成花材的整理，一部分花材需要存放在鮮花冰箱內陳列展示，而另一部分不需要冷藏的花材，則擺放在花店的陳列空間。建議依照種類、長短、顏色、特性等階梯式的陳列方式，可以讓所有花材一目瞭然，讓客人可以在第一眼就看到各式各樣的花材。要注意拿放時花材是否會互相影響，像是勾到、折到、撞到、滴到其他花面嬌嫩或花面不能被水滴到的花材等。陳列區最下方擺放綠葉或是較不怕碰撞的花材（如：雞冠花、菊科等），在挑選時較不會碰傷花材，以減少不必要的耗損。

鮮花冰箱內的陳列，在上層的部分都是擺放完成的商品，像是花束、盒花、盆花等，其餘下方的位置陳列花材與葉材。陳列方式由內至外、由高至低擺放。如果將花材擺進風格互相呼應的容器裡頭，不僅能讓視覺效果加分，更可以營造出一個舒服的挑選空間。

人對視覺的信任度明顯大於其他感官，所以一間花店裡的陳列區域，扮演著品牌傳達的第一線工作。若使用玻璃花器來陳列鮮花是最漂亮的，但是透明玻璃容易看見髒污、重量重且危險，清潔也相當的辛苦。建議可以改用附有提把的鐵桶，

或是透明的壓克力桶等，另外搭配上一些與整體裝潢氛圍相襯的陳列花器，增加視覺上的層次與美感。要注意的是某些花器並不防水，處理時要另外留意。

商品陳列區

花店在預約的固定訂單之外，也需要為匆匆上門或路過逛逛的門市客人做準備，不管他們有沒有要進行消費，都應該準備好不同價位、不同種類的商品，一來可以讓趕時間的客人快速進行挑選、結帳；而美麗的商品陳列，也能吸引原本沒打算消費的顧客，因覺得心動而進行預訂或是購買。

商品陳列區常為花店或是客人拍照紀錄的區域，一定要特別注意整體陳列的動線流暢、美觀與整潔。花店有鮮花商品的陳列，也可以依照不同材質的商品做陳列。乾燥花、永生花、植栽或仿真花的商品，這些商品與鮮花最大的差別就是，較不受存放的新鮮度所限制。但最基本的，因應乾燥類的商品，店內一定要準備除濕機。

接待櫃台

花店進門的周邊位置可以設置接待櫃檯，在第一時間留意、招呼上門的顧客。接待櫃檯常同時兼具花店所有的文書作業，像是業務洽詢、電話接聽、訂單簽收、卡片輸出、管銷整理、音樂控制等，常見設計的為一字型或是 L 型。

休息等候區

可分為客用與工作人員用兩個空間，客用休息區是給來到門市的所有客人，無論是在諮詢或等候都可以使用。客人有時無法在商品陳列區選到合適的商品，就需要現場進行客製化的服務，在完成溝通與製作的時間時，休息等候區就非常重要。這個空間能讓客人不用在花藝設計師旁邊僅是看著等候，而是可以在舒適的空間中，寫寫卡片、靜靜的放鬆。好的商品是需要等待的，而這個短暫的「留白區」就是為此存在。

乾燥保存區

此空間是針對特別需要保持乾燥的花材、材料的儲藏空間，像是乾燥花、永生
花、仿真花等，這類材料都容易因為潮濕而發霉或造成其他材料被染色等。無論
是將新鮮購入的花卉進行自然風乾，或是使用乾燥劑、微波爐等進行乾燥時，都
需要用到此空間。此區域需要長時間開啟除濕機，才能讓所有資材在最完美的狀
態中保存。

開店成本與預備金

以20坪租用空間為例

項目	金額	總計	細項說明
招牌設計	20,000~30,000	20,000	因各縣市行情與尺寸大小而不同
店 租	30,000~40,000	30,000	
店租押金	30,000	60,000	兩個月押金
裝潢設計	200,000~30,000	200,000	壁面、地板、燈光、櫃體、鮮花冰箱等
冷氣設備	50,000	50,000	
資材進貨	30,000	30,000	基本工具與資材
硬體設備	50,000	50,000	電腦、電話、印表機等設備
租金預備	180,000	180,000	六個月的租金預備
進貨預備	60,000	60,000	六個月的進貨成本預備
	最低金額總計	680,000	

☞ 工具資材

花店的工具與資材有哪一些？我們該如何選擇與採買呢？

第一，依照花店每一個使用空間的分類，紀錄所需的用品，例如：冰箱——花桶、陳列區——花瓶、商品區——展示柱、操作區——工具推車等，以此類推。

第二，決定好花店的營業項目，例如：婚喪喜慶花禮、商業花禮、婚禮佈置、活動佈置、固定換花、生活週花等進行條列。

最後，每一個營業項目對應到的商品種類為何？例如：婚喪喜慶——高架花籃、商業花禮——花束、婚禮佈置——捧花胸花等。再依照商品種類，細想每一個商品中，需要使用到的工具與資材為何，最後將所有想到的項目，建立一份採購清單。

以下就花店中會使用到的工具與資材進行介紹：

資材與工具

編號		資材類
1	鮮花海綿	OASIS 官網：https://www.oasisfloralproducts.com 又稱花泥、花泉、花磚，專門給新鮮花材使用的海綿，可固定材料與供給水份，有各種不同廠牌、材質、大小與形狀，或具有功能性的款式，例如：壁飾海綿、捧花花托、花環等。
2	乾海綿	專門給人造花（仿真花）、乾燥花、永生花等，不需要水分供給的材料做使用。
3	花桶	在花市中最常見的花桶為黑、白兩色的方型塑膠桶，可以大量存放與搬運花材。整理花材與分類用的花桶，市面上有販售不同高低、材質與形狀的種類，常用的像是塑膠圓桶、帶提把的馬口鐵桶與壓克力透明花桶等，可依照個人喜好選購。

4	鮮花 保鮮劑	保鮮劑可降低花材桶內的水質發臭混濁，防止花材提早枯萎、延長瓶插壽命。針對使用狀況，可選擇粉劑、液體、噴霧等，效用也可分為長效，或短時間急救用等多種。
5	透明 包裝紙	又稱玻璃紙，常用的有整卷與不同長短的單張包裝，針對使用情形也有不同的紙張軟硬度。主要功用為防水打底、保護商品與花束的供水包裝。
6	素色 包裝紙	花店包裝紙基本款，與透明包裝紙一樣，分為整卷與不同尺寸的單張包裝。包裝紙的質感、軟硬、厚薄、色彩上也十分多樣，例如雙面單色、雙面雙色等，初學者建議從較薄的包裝紙開始使用。
7	花樣 包裝紙	品牌風格上若沒有特別限制，建議備貨基本款式即可，例如：英文文字、圓點、條紋等款式。
8	玻璃試管	需要使用時冉採購即可，分為瓶口、卷口與不同長短粗細的尺寸，主要功能為供給植物材料水分，可以使用在要求質感的設計款商品，或是單價較高的商品。
9	塑膠試管	花店基本用品，分有不同長短與粗細的尺寸，常用在單朵花束包裝。
10	包裝盒	包裝盒多用在胸花、捧花、手腕花等婚禮商品上，主要功能為提升商品價值感與運輸過程保護。若是使用廠商公版設計品，因為款式會一直不斷推陳出新，建議單次備貨不要過多。
11	商品提袋	分為訂製品與公版，但訂製品大多有數量限制。也可使用廠商公版設計品，二次加工上品牌的商標，與包裝盒相同。因公版款式會一直不斷推陳出新，建議單次備貨不要過多。
12	卡片類	分為訂製品與公版，亦有廠商販售公版設計品可選擇。主要是用於商品上的贈送人祝賀用語卡片，也可設計針對不同商品的介紹或是照護方法的卡片。
13	塑膠容器	花店基本用品，價格較一般花器便宜，可重複使用且不易損壞，常用於盆花或高架花籃等。

14	玻璃容器	相較於其他材質的花器，玻璃花器在款式與尺寸的選擇上較多，可用於花材陳列與商品訂單皆可。
15	不同材質容器	建議先有商品項目後，再採購最低數量。 ‧禮物盒（紙盒、塑膠盒） ‧瓷器（上釉與無上釉） ‧藤籃 ‧金屬 ‧不防水材質，例如水泥、素燒盆等，要做隔水處理後再使用。
16	花籃鐵架	建議採購可折疊收納的款式，或是零件可分拆組裝的架子。花店常用款是白色、可折疊的圓柱鐵架（頂端有附加鐵件可替換給大尺寸海綿使用）。另有特別款可選，例如：單高腳組裝鐵架、三叉腳金屬色鐵架、木架等。
17	展示柱 / 檯	適合比較高單價的高架花籃或是商業活動、會場佈置使用，有各種材質與形狀可以選擇，常用材質像是金屬、木板、石頭、壓克力或是輕的 FRP 等。可以選擇款式簡潔的方、圓柱，亦可用在店內陳列、拍攝時使用。歐式古典雕花柱 / 檯，也是在花店中廣泛被使用的樣式。建議在柱體下方做隱藏式滾輪，可增加移動的便利性。
18	連接花架	花店早期常用的高單價高架花籃用組件，外型為羅馬柱，可拆解拼裝的塑膠花架。
19	各式緞帶	材質、粗細、顏色種類眾多，可訂製部分有品牌 LOGO 的緞帶，再採購一些基本色的緞帶。緞帶與包裝紙同樣具有流行性，採購數量一次不宜過多。依照個人使用習慣方式，可選購不同款式的緞帶架收納。
20	亮葉噴劑	盆栽或是葉材用噴劑，使用方法為先將葉面清潔後擦乾、上噴漆，可以保持葉面光滑乾淨。
21	給水器	噴灑用：加壓式噴水器、可倒噴的細噴霧瓶、自動噴水器等。 直接供水：各種造型水壺、試管加水用洗滌瓶等。

22	裁紙機	可固定紙張進行大面積、多張（須視紙張厚度）、快速且筆直的裁切，用於文件、卡片與美宣品等。
23	蘭花鐵絲	分有軟硬度與不同長短尺寸，常用於蘭花盆栽的花莖支撐與花面角度調整（盆栽亦可），或用於製作各種架構。
24	竹籤棒	分為不同長短、顏色與粗細，常用在植物材料莖桿支撐、增加試管花材的長度、多塊海綿相互固定與賀禮卡片的展示固定等。
25	鮮花噴漆 / 染劑	專用於植物材料上，亦有延長保鮮用的噴漆。噴漆可立即改變材料顏色，置於染劑內吸水的方式則需要較長時間。
26	雞籠網	可替代海綿作為插作時的花腳固定，環保、可重複利用。雞籠網或其他材質的網子，可覆蓋於海綿表面，加強固定海綿與花腳，運送過程海綿也較不容易崩壞。使用時要注意網格的尺寸不宜過小，以免花腳無法插入。
27	底盤 / 臉盆	底盤常用於盆栽底部接水。亦可用在插作時，將底盤或臉盆鑲嵌、卡在容器瓶口，完成運送時可以分開運送。底盤深度淺可露出更多海綿增加插作面積，大尺寸的臉盆因為深度較深，可用於大型作品中。
28	美植袋	種植或移植植物時使用，亦可直接當作花器或收納容器。
29	水苔 / 水草	具有很好的保水力，使用前須浸泡使用，多用於蘭花盆栽及需要溼度較高的植物。
30	植物介質	植物介質是指培養土、泥炭土、發泡煉石及其他天然或人工介質等，提供植物附著、固定、排水與維持生長發育。每一種介質都應依照植物種類的不同做搭配或分層混搭。

編號		工具類
1	花藝剪刀	草本植物專用剪刀，可細分為東洋花剪與常用的西洋花剪。花藝剪刀的刀刃長短，會影響剪切的莖稈直徑與位置，刀身也有許多設計花樣與材質種類可選。建議可以選購刀身附有可剪斷鐵絲部位的剪刀，可避免因長期錯誤使用花剪刀刃剪鐵絲而造成的耗損。
2	木本剪刀	剪定鋏又稱木本剪刀，為木質莖稈專用的剪刀，刀身分有不同材質，與可剪切不同直徑的款式，建議選擇可以剪切最大直徑尺寸的木本剪，使用時需要解除避免誤觸刀鋒的安全鎖扣。
3	花藝刀	進階類工具，分為直刃與彎刃，用於植物材料莖稈的切削。建議從草本的花莖開始練習，熟練後再進入木本莖稈的切削。花刀能切削出的面積較剪刀大，可增加植物吸水性，且材料在插入海綿後可以固定的更加牢固。
4	紙剪刀	專供紙類使用之剪刀。
5	布剪刀	專供布類、緞帶等使用之剪刀，建議各種材料均準備專用剪刀，可延長剪刀的使用壽命。
6	鐵絲剪	專供紙鐵絲、蘭花鐵絲、環保鐵絲、仿真花 (人造花) 等，金屬材料的專用剪刀，選購時要注意可剪切的方向性與直徑尺寸。
7	鉗子類	可進行將堅固材料局部固定後，進行拉拔、彎曲、扭轉、切斷等動作，例如：調整鐵絲的不同方向、固定束帶時可將束帶拉伸的更牢固、拔取鐵釘或釘針等。
8	除刺器	常見材質為塑膠、金屬、橡膠等，依照使用方式可分為掌握型或刮除型，專用於玫瑰花類的葉子與花刺的去除，使用上需避免過度施力造成花莖表皮受損、水份流失。
9	麻繩	分有不同粗細，常用於花束的綁點固定或是綑綁、造型容器與植物。

10	紙鐵絲	用於植物材料的固定，分有不同長短與顏色，常見的有裸色、咖啡色、綠色、白色、金色與銀色等。包裝袋上標有尺寸編號，多為 16 至 30 號不等。台灣的鐵絲號碼越小、鐵絲尺寸越粗。
11	鐵絲包	用於紙鐵絲的分類、收納，包身於使用時攤平，使用完畢後可捲收成卷，鐵絲包可用於外出時攜帶。
12	鐵絲桶	用於紙鐵絲的分類，可直立式收納與使用。在花店中使用鐵絲桶可以使工作流程更加便利，但目前廠商已較少販售鐵絲桶。
13	花藝膠帶	常用的顏色為深綠色、淺綠色、咖啡色與白色，另有特殊色可以選擇。常用於植物材料上有鐵絲固定時的修飾，或植物需要保水時，也可用於其他材料。使用時需要將膠帶拉扯、延展後再開始進行纏繞。
14	鮮花冷膠	植物材料專用的黏著劑，不同廠牌的冷膠顏色會略有不同，使用時時需注意冷膠需要靜置後才會產生黏著力，使用完畢須清除殘膠、扭緊蓋口，防止膠體外溢硬化。
15	T 型胸花針	胸花專用的固定基座，附有固定別針可直接使用在衣物上做固定。
16	珠針	用於身體花飾或是緞帶的裝飾與固定，分有不同顏色與形狀，例如：圓形、橢圓形、水滴形、心形等。
17	強力磁鐵	可用於固定衣物上的身體花飾（例如肩花、胸花），或是因衣物材質過軟或是較昂貴，無法使用穿針的固定座。
18	金屬雕花片	用於華麗型的胸花花腳，或是其他帶有尖端的物品上裝飾。
19	裝飾用品	異材質的裝飾物品，例如瓊麻、毛線、珍珠、水晶、水鑽、壓克力鑽、鏈串、羽毛等，可增加商品的設計細節。

20	Twist tie 異材質魔帶 環保鐵絲	用於物品的固定,可以彎曲並保持形狀。分有不同粗細、扁平狀或繩狀。 由一根或多根金屬線製成的固件,金屬線外包裹著各種異材質,例如厚、薄紙條與塑膠等,依照要固定的物品表面,來選擇適用的材質。
21	膠帶台	用於單手裁斷膠帶時使用,分有適用於不同尺寸規格的膠帶,使用時要小心避免直接觸碰刀刃。花店內要備有桌上型細膠帶台與手持型寬膠帶台。
22	透明膠帶	用於黏貼物品或是固定花材、花束綁點時使用,分有不同尺寸規格,建議可以選擇降噪膠。
23	防水膠帶	用於黏貼、固定物品,例如:花束綁點、海綿與容器的銜接加強固定,比一般透明膠帶防水性更強,不易因遇水時而產生物品鬆脫。
24	其他膠帶類	紙膠帶、布膠、地板膠帶、強力膠帶、雙面膠、泡棉膠等,用於不同材質的黏貼固定。請先試驗不傷底材或不會殘膠後,再使用為佳,例如漆器、牆面、傢俱等。
25	除膠劑	用於清除貼紙、標籤、雙面膠等黏膠與殘膠。依照溶劑成分的不同,請先試驗不傷底材後再使用。
26	熔膠爐	條狀或粒狀之熱熔膠皆適用,剩餘的殘膠可輕易去除或留待下次加熱後繼續使用,可以大面積與利用沾黏的方式使用熔膠。
27	熱熔膠槍	膠槍依照用量分有不同大小,充電方式為有線或無線,為避免高溫燙傷亦有低溫與可控溫膠槍。使用時為避免滴膠造成桌面受損或髒汙,可使用隔熱保護墊、膠槍架或是使用容器放置。
28	熱熔膠	照熔膠工具分別使用膠粒或是膠條,兩者皆有不同尺寸與粗細。膠條顏色選擇多,可搭配物品使用。

29	其他用膠	依白膠、口紅膠、膠水、糨糊等,多用於紙品的黏貼。白膠多用於乾燥材料與乾海綿插作,插腳沾取白膠再插入海綿,乾燥後材料就不易從海綿中鬆脫或掉落。
30	花藝黏土	專用於花器與海綿固定座的黏合,可重複使用。
31	海綿固定座	專用於花器中的海綿的固定,可防止海綿搖晃、鬆脫。為塑膠材質,可重複使用。
32	劍山	常用於東洋花藝的鮮花插花工具,分有不同尺寸、編號,常用的有圓形、方形、扇形等多種形狀。
33	海綿刀	專用於各種海綿的切削造型,有許多款式與尺寸,亦有可折疊的款式。使用完畢後要記得清潔、保持刀刃乾燥,防止受潮生鏽。
34	美工刀	一般事務、輕作業切割使用,尾端附有可拆、折刀功能,分有不同尺寸刀片與角度,30 度的刀片更容易切入厚材質。
35	棉花 / 棉片	醫用棉花與專用棉片,可用於胸花或是其他材料需要做保水處理時,棉花 / 棉片可儲存水分與延伸保水面積。
36	萬用紙巾	較一般擦手紙厚實、吸水性佳可重複水洗使用,用於擦拭物品、花束保水袋內的保水面積延伸,與花材花面的覆蓋保濕。
37	鑷子	夾取物品與處理細部位置的輔助工具,尖端分有不同功能的造型。常用於輔助永生玫瑰花的開花動作。
38	鋸子	用於鋸切樹枝與其他堅硬材質的物品,依物品材質不同應選擇適用的刀片,使用完畢後要記得清潔、保持刀刃乾燥,防止受潮生鏽。
39	螺絲起子	用於旋緊或旋鬆螺絲的工具,常見有一字和十字兩種,可選擇雙頭起子可隨時做變換。

40	園藝工具	用於種植、移植植栽、鬆土整地與雜草整理時使用，常見工具有尖鏟、寬鏟、鋤頭、耙子等。
41	電鑽組	用於裝修、組裝、鎖螺絲、鑽孔等作業，需要選擇不同尺寸與功能的鑽頭套組，以適用於木材、金屬、水泥等各種材質。
42	束帶	用於將物件做固定，大部份束帶都為一次性使用，收緊後必須破壞才能解開，但有些束帶備有小耳片，壓下就可以將束帶解開、重複使用。 束帶的顏色與尺寸的選擇非常多種，主要材質為塑膠，也有金屬材質的束帶，以適應各種環境需求。
43	延長線	花店內使用 USB 與排插對應獨立電源開關的延長線，可隨手關閉單孔電源。於商業活動或婚禮佈置的外場工作，建議使用 10 米以上、防水的輪座（卷線）延長線，或一擴多過載自動斷電的動力軟線。
44	轉接 / 變壓	轉接頭用於 3P 插孔轉 2P 插孔的轉接頭，不建議將地線端折斷，保留接地端在用電上較安全。變壓器用於將臺灣 110V 電壓，轉為使用 220V 電壓的電器。若從海外進行器具的採購，常須配合當地國家的電壓接頭，可以將變壓器列入預備的採購清單中。
45	工作手套	用於工作時保護手部，或在處理會分泌乳汁的植物材料時，防止直接接觸皮膚產生過敏與沾黏。花店常用有棉紗工作手套、乳膠 /PVC 防水手套、止滑防割手套等。要記得定時清洗再重複使用。
46	防護用品	袖套、遮陽（雨）帽、防曬乳、防蚊液等用品，用於戶外工作時的保護與紫外線隔離，建議選擇透氣性佳、抗菌、除臭的布料。
47	圍裙	圍裙上建議要訂製有花店品牌的名稱或商標，選購時要注意顏色、版型與附加功能。花店建議選用長版圍裙，可防止衣物沾染髒汙，記得定時清洗、保持整潔，更能維護品牌形象。

48	刷具	鋼刷／銅刷：金屬表面清潔、除鏽。 油漆刷：漆料、顏料塗裝。 邊角刷：水槽或容器邊角髒汙。 長柄刷具：花桶與其他高花器。 灰塵／毛刷：電腦或質感細緻與柔軟的物品表面。 桌面除塵刷：操作區桌面的大範圍快速清掃。
49	槌子	橡膠槌：家具、地板、磁磚安裝。 鐵鎚／羊角槌：敲打與拔除鐵釘、修理拆裝物品。 有些特定的植物材料花腳，需要使用槌子敲碎增加吸水性。
50	營釘／地釘	用於戶外活動佈置的大型物件、裝置等的加強固定。依照固定物品的重量與防風程度，搭配不同材質的繩索，例如：鋼索、營繩或尼龍繩等。
51	透明釣魚線	懸吊割字或懸空的花藝作品時使用，依照懸吊物品的重量選擇釣魚線的粗細。
52	防護膜	保鮮膜、PE 保護膜、養生膠帶等。 保鮮膜：海綿、花材保水。 PE 保護膜：運送過程中防止物件受損，或大型物品存放倉庫時可保護與防塵。 養生膠帶：大面積的髒汙防護，例如：家具、櫃體、地毯等，常用於油漆塗裝時的保護。
53	打火機	生火工具，花店建議採購加長型或可彎頭的打火機，較利於點燃置於容器內與位置較高的蠟燭。
54	丈量工具	用於摺紙、繪製線段、量測長度，常用的有直尺、捲尺、比例尺、角尺、游標卡尺等。 以刀片切割物品與摺紙時時建議使用鐵尺，丈量與繪圖時建議使用透明格線尺，出外場勘時則使用捲尺，比例尺則用於實際尺寸的放大與縮小比例計算。
55	水平儀	用於要求精準對齊的工作，可測量物件平面（45°、90°、0°）是否凹凸不平，例如懸掛畫作、園藝造景施工等。

56	補光燈	用於無法於自然光源下拍攝的各種情況之補光調整,常用有立地式、桌上型與手持型等。建議選擇可調式光源(白光、黃光、暖色)、多段亮度與自由角度。
57	布 / 紗	用於裝飾各種拍攝情境與活動佈置,例如樑柱、地面、家具桌椅、背景布幔與各種造型懸掛等。
58	鋼夾	用於快速的固定各種布製品,防止鬆脫、滑落,例如桌巾、拍攝背景的布幔、紗、紙板等。
59	別針	用於將物品連接、固定與造型於各種布製品上。
60	時鐘	用於花店內的時間顯示、控管與空間裝飾,建議每一個工作區的視線範圍內,都要配有時間提醒裝置。
61	抹布	用於吸水、去汙、擦拭清潔。考量到花店的用水量,可以預備一些大尺寸的抹布應付突發狀況。有些植物材料的細屑與葉片表面材質容易卡附於抹布中,建議選擇容易清洗的布料材質。
62	垃圾袋	用於裝盛垃圾、保存大型物品、大量海綿需要保濕時使用。請依照各縣市規定,選擇合乎法規的垃圾袋種類。花店於整理花材的日子,或是訂單量大時,垃圾量會暴增,一定要備有最大尺寸的垃圾袋。
63	垃圾桶	用於裝盛各種分類垃圾。花店內建議放置附有滾輪的移動式垃圾桶,須確定正式的收納空間與位置、丈量完尺寸後,再行購買。
64	推車	收納所有常用工具的工具推車,與搬運重物用的平板手推車。平板手推車要注意可承重重量,建議採購可平整折疊收納與多段式縮放的推車。
65	梯子	用於高空作業時使用,建議採購有寬踏板設計的摺疊梯,可以在作業過程中將物品放置在梯子上。

☞ 花店供貨來源

一間花店與各家供貨廠商之間的合作關係，也是決定日後存亡成敗的關鍵之一。關於採購與進貨廠商，首先需要了解每一家廠商的進貨種類、供貨價格與是否能夠穩定配送，才能夠守護花店的進貨品質、成本與利潤。除了基本的進貨需求，也要了解每一家廠商的進貨規則與配合方式。我們需要許多品質優良且供貨穩定的廠商，作為強大的後盾，同時也要努力成為廠商願意跟我們合作的誠信店家，以下就不同廠商的種類做簡單介紹。

資材商

上個篇章中，我們介紹了許多花店會使用到的資材與工具，資材商（或稱資材行）就是可以提供幾乎所有一切項目的廠家。不管是直接向進口商訂購，或是與國內本土的廠商訂購，都有非常多的選擇。綜合型的資材商，在基本項目幾乎沒有太多的不同，但除了這一些項目之外，各自還會延伸或是設計出不同風格的商品，這時候就需要依照自己的品牌風格去選購。綜合型的資材商，因為需要服務的項目眾多，所以款式的選擇上就會較少，這時我們就要向專門型的資材商進貨，例如只有供應花器、包裝資材⋯⋯等的廠商。因為廠家的銷售規則或配貨的數量不同，所以價格上有時也會讓人突然摸不著頭緒，這時候就需要多加詢問，或是貨比三家不吃虧。

花材商

這裡專指供應新鮮切花與乾燥花材、永生花材的廠商，分為進口花材商與臺灣本土花材的花商。新鮮切花的市場，有時又可再細分僅供應花材或是葉材的廠商（以此花商過半數供應的材料為準）。

新鮮切花顧名思義就是追求材料的「新鮮度」為唯一進貨標準，為了控管花店的花材品質、進貨數量與成本，建議與兩家以上的花商保持合作關係會比較理想，

一方面可以維持整體花卉市場的良性競爭,也能避免自身因為過度依賴一家花商,而產生供需疲乏等問題。

因為花藝市場的風向變遷,與花藝設計師們越來越在意商品與環保意識的結合,所以乾燥花與永生花儼然已是現今花藝流行的趨勢之一。而乾燥的花藝材料,主要是由國外進口花材代理商為主。

下一篇我們將就更細的進貨規則與採購禮儀進行探討。

最後,如果花店或工作室的空間能夠規劃出一個花園,或是僅一小片可以栽種的空地,建議可以種植一些花材或是葉材,不僅可以幫助自己更了解植物的自然生長方式,或是在遇到比較小的訂單或是一些突發的狀況,就有可以隨手取得的材料;若栽種的範圍較大,更可能在減低成本上有不小的幫助。

＊臺灣位於亞熱帶,是屬於非常適合種植葉材的氣候區。花園內可以種植一些即使經常被修剪,也可以立刻長出來的植物,例如:電信蘭、山蘇、茉莉葉、樹蘭、紅芽刺楠等,都是很好的選擇。

園藝資材商

各縣市的花卉市場,通常可劃分為花材類、資材類與園藝資材類。園藝資材類的販售項目,包含了草花、灌木、喬木、蘭花、多肉、蕨類、空氣鳳梨等植物盆栽,還有石頭、盆器、工具、介質、肥料、造景裝飾等資材。植物盆栽的進貨廠商可分為兩種,一是需要具備花店登記資格的花卉產銷商,另一種是一般民眾也可以採購的園藝廠商。

資材廠商

編號	廠商名稱	聯絡電話	地址
南部地區	先進園藝資材	（08）707-1245	屏東縣萬丹鄉大昌路 60 號
	青境景觀石材	（07）732-2681	高雄市仁武區鳳仁路 4 之 11 號
	建南行（高雄）	（07）238-6900	高雄市三民區河北一路 209 號
	尚陶坊	（07）291-4237	高雄市新興區仁愛一街 54 號
	隆榮園藝資材	（07）701-2257	高雄市大寮區鳳屏一路 26 號
	上上園藝資材	（07）731-8261	高雄市鳥松區中正路 107 之 16 號
	鑫琳專業代廠	（07）351-3800	高雄市大社區民族路 21 號
	建南行（台南）	（06）298-2171	台南市安平區建平七街 258 號
	廣誠行花藝資材	（06）290-0830	台南市東區崇學路 203 巷 8 號
中部地區	建南行（台中）	（04）2321-2235	台中市西區中美街 460 號
	大華資材行	（04）2386-2119	台中市南屯區永春東七路 809 號
	隆豐園藝資材	（04）2529-9518	台中市豐原區東陽路 275 號
北部地區	盒情盒禮	（02）8686-9833	網路商店 新北市樹林區鎮前街 313 號
	台灣造花	（02）8791-9406	台北市內湖區新湖三路 15 號
	艾莉花材	（02）8663-2623	台北市文山區汀州路四段 229 號 1 樓 （台北花木門市）
	花物紀事有限公司	（02）2659-2990	台北市內湖區江南街 71 巷 1 號
	萬岱虹花藝資材	（02）2793-3751	台北市內湖區新湖三路 28 號 2 樓 2502 攤位
	詠正花器	（02）2668-1988 0933-088-804	台北市內湖區新湖三路 28 號 2 樓 2107-2108 攤位
	信苑花藝材料行		台北市內湖區新湖三路 28 號 2 樓 2503-2504 攤位

花材＆盆栽廠商			
南部地區	興中花卉街	（07）336-8333	高雄市苓雅區興中一路 （民權路至中山路出入口）
	向麗花店	（07）338-5667	高雄市苓雅區興中一路 166 號
	名谷鮮花店	（07）336-7643	高雄市苓雅區興中一路 307 號
	鳳農幸福花卉	（07）755-1922	高雄市鳳山區五甲一路 451 號
	玄祥	（07）753-9329	高雄市鳳山區五甲一路 451 號
	佰合鮮花批發	（07）755-3718	高雄市鳳山區五甲一路 451 號
	高雄市蘭花、植栽	（07）370-3885	高雄市鳥松區本館路 289 號 接連著有 3 至 4 家園藝店與蘭花店等。
	蝴蝶花苑	（07）371-5704	高雄市仁武區鳳仁路 12 之 1 號 大型植物、盆栽、多肉植物等批發。
	台灣造花	（07）330-7270	高雄市苓雅區興中一路 275 之 1 號
	耕易溫馨生活館	（07）732-3252	高雄市鳥松區神農路 54-6 號
	台南花卉批發市場	（06）281-9794	台南市北區育成路 301 號
	常菁花園	（08）777-0966	屏東縣萬丹鄉萬丹路三段 96 號
中部地區	台中花市	（04）2382-8058	台中市南屯區永春東七路 809 號
	莉朵花藝	（04）2389-3860	台中市西屯區文心路三段 243 號 不凋花、永生花、乾燥花、索拉花等。

花材&盆栽廠商

北部地區	內湖花市	（02）2790-9729	台北市內湖區新湖三路 28 號 A 館一樓 花材與葉材批發 A 館二樓 資材批發 B 館一樓 蘭花與盆栽批發
	佳芳園藝有限公司	（02）2532-4166	內湖花市 1107-1109 攤位 花材批發
	花覓	（02）2790-2613	內湖花市 1310-1311 攤位 花材批發
	深綠花卉	（02）2792-6766	內湖化市 1415 攤位 花材批發
	福盛園藝	0928-035-820	內湖花市 1420-1421 攤位 花材批發
	桺谷花藏	（02）2790-0191	內湖花市 1501-1502 攤位 葉材批發
	彬彰葉材	（02）2792-8076	內湖花市 1510-1511 攤位 葉材批發
	竹子湖花卉園地	（02）2793-3822	內湖花市 1821 攤位 乾燥花、永生花
	桐林 Fleur	0927-713-712	內湖花市 1206、1106 攤位 乾燥花、永生花
	森林微風	（02）8953-5868	新北市板橋區仁愛路 15 號 乾燥花、日本大地農園永生花
	永琦景觀人造花	（02）2703-3646	台北市大安區信義路四段 19 巷 5 號

貨運廠商			
地區	廠商名稱	聯絡電話	區域範圍
各縣市	小雄花車	0981-586-326	台南、高雄、屏東地區
	lalamove	下載 APP	App 有合作之縣市
	各大計程車隊	當地聯繫方式	可以向各縣市計程車隊詢問是否有相關之配合方式

☞ 進貨規則

花卉批發市場

· **工作時間**：凌晨2：30至中午12：30。

· **營業時間**：凌晨3：30至中午11：30，若為乾燥花或販售資材之攤位，
營業時間可能與鮮花攤位不同。

· **拍賣日期及時間**：每天都會進行，拍賣時間從凌晨3：30開始。

· **進花時間**：當拍賣開始進行，就會陸續進花。

· **進口花進貨時間**：時間不一定，依照進口花的班機狀況，未來可能會有固定
日期的調整，下列為目前班機狀況：進口花多是依賴空運、海運，可能發生當
週、當月無供貨的情形，或是需要提早數個月預先訂貨（例如聖誕節）。一般
來說，星期四為荷蘭進口花，星期三為越南進口花，星期五及六為紐澳進口
花，星期二為厄瓜多玫瑰，星期一為南非進口花。

· **公休日**：內湖花卉市場休市日期可上官網查詢，其餘縣市可與花商確認是否與
內湖花市公告相同。

https://www.tflower.com.tw/TFAWebUI/

· **台北進貨配送方式**：多以快遞或是計程車出貨、取貨。若花商每天都有固定的
出貨貨車，可詢問是否可合作配送（限台北市）。

· **全台各縣市配送方式**：從內湖花市進行訂購的花材，會有回頭車於「西部」各
縣市，在固定地點統一下貨，需要詢問確認各縣市的下貨地點與時間。每一箱
花材的運費大約150至300元不等，依照尺寸、重量或各個花商的配合辦法會有
不同的計價。

· **東部與離島運送方式及運費**：計價，主要看重量，都是空運出貨。可能會再加
以轉運次數或是限制重量等，會有不同的運費產生。

花市採購禮儀

當去花市採購新鮮切花時，有一些選購過程中該注意到的眉眉角角，當我們還不是很清楚的時候，可能在不經意當中就造成了花材商或是其它同行的困擾。這個章節，我們將就採購的禮儀與我們自身的採購經驗來做分享。

花市中有著各種新鮮的切花、切葉，當我們在拿起材料時，要注意不要只抓著材料的某一小部分，像是抓住花頭就是相當不好的，記得要拿著一整束、穩穩的拿著整把材料，再將材料拿起來。切葉有時候沒有裝在供給水份的桶子裡，而是直接攤放在花架子上，但切花的部分都會依照種類與高低，分裝在供水花桶中陳列。

花材從花桶中抽出來時，花腳會一直滴水，一定要注意等水分滴乾後，再整把拿起來。花腳的水分如果滴到其他花材的花面上，就容易讓其他花材容易因為遇水而腐爛，尤其是玫瑰花這一類的花材更是要特別注意。

花材從哪個位置拿起來，就要放回原本的位置，擺放回去的時候一定要注意花腳會不會被折到，最後一定要確保花腳有放置到桶底，讓花材確實有吃到水。

如果要選購比較大量的花材時，可以向花商詢問索取一個或數個空的花桶，將自己要買的花材，選擇完成後、暫時放置在空桶中，因為空桶中沒有供水，所以一定要控制好選擇花材的時間，或是已經決定的差不多之後再開始拿取。遇到嬌貴的進口花材或是較短的花材，要注意獨立擺放，或是最後再擺放。通常較矜貴或是進口的花材，下方會有濕棉花或是塑膠試管供水，選購完成後再交由花商清點數量結帳即可。

如何採購每週的花材

· 有鮮花冰櫃：一週一次或兩次（全年）
· 無鮮花冰櫃：一至兩天/一次（春夏季）、三至五天/一次（秋冬季）

當我們在鮮花市場進行採購時，除了購買預定好的材料之外，若需要挑選門市展示與預備的花材，我們第一優先選擇為可以長期存放的花材與葉材。如果不知道存放期限，可以向販售的攤商詢問。花材類的部分，建議購買石竹科的花材，例如康乃馨、綠石竹或是蘭花類的虎頭蘭、千代蘭……這些都是很耐放的花材。新鮮花材在存放上有一定的期限，要注意將採購的金額降至最低，不過度消耗成本，如果想要兼具成本管理與視覺陳列的美觀，我們該如何進行採購呢？這時候可以在盆栽市場裡面選購會開花的綠色盆栽，一起放入陳列區佈置，用以控管成本的支出與新鮮花材的消耗。

整理花材

從市場採購回來之後，回到店裡的第一步，就是先將所有的葉材與花材的花腳進行第一次切腳，尤其是要特別注意那些容易失水凋萎的花材（如：繡球花），這時一定要快速地進行去葉與剪腳吸水，放入調好保鮮劑的花桶裡。其餘的花材則

可以在充分的吸水之後，再開始進入第二次的整理，將過多的葉片去除、受損的花朵與花瓣摘除、將過長的花腳切剪。要特別注意：過長的花腳、過多的葉片、沒有切剪新的吸水口，都容易造成花頭無法充分吸收到水分，因而產生垂頭、枯萎等現象。

昂貴的進口玫瑰花，包含葉子的部分都需要很多水份，我們首先將花朵們以倒立的方式，將其全部沖水後，將多餘水分甩乾，再一次切剪花腳，放入投有保鮮劑的花桶裡吸水，如果有鮮花冰櫃，將花材放入冰櫃是最適合的。

在工作室或花店沒有鮮花冰櫃的情況下，切記不可以使用電風扇或冷氣直吹花朵，因為花朵表面的水份會被吹乾，反而造成失水而加速老化。繡球花則要注意，可以將厚紙巾沾溼覆蓋在繡球花上，等同於幫花兒敷面膜。葉材像是尤加利葉的部分，要將報紙或是包裝紙淋濕後再包裹葉材進行存放，以上方法都可以增長存放的壽命。

最後要將花店的垃圾整理並分類，依照每個國家或地區的不同，所要進行的垃圾分類也都不太相同。花店的垃圾和小型的餐飲業一樣，所製造出來的垃圾量比想像中來得更多，將垃圾分類做好也是現代公民為環保盡一份力的基本責任，更重要的是可以訓練分類與執行的能力。

忙碌季節時間表

月份	重大節日	忙碌程度	作業天數	備註
1 月	農曆春節	*****	前 3 個月至除夕當日為止、初五開工後	初五開工訂單需配合花市開工日
2 月	西洋情人節	*****	農曆春節過後開始，節日前一週為巔峰	單枝花、花束、花盒
農曆 3 月	清明節	*	前三天	祭祖花
5 月	母親節	*****	節日前一週為巔峰	單枝花、花束、花盒
農曆 5 月	端午節	**	節日前三天	門口懸掛花
6 月	畢業季	****	5 月底至 6 月底	以花束為主
農曆 7 月	七夕情人節	***	節日前一週	單枝花、花束、花盒
8 月	父親節	***	節日前一週	盆栽、蘭花、花束、盆花
農曆 8 月	中秋節	***	節日前一週	盆花、禮品結合花藝
9 月	教師節	***	節日前一週	花束、提籃
10 月	萬聖節	**	節日前一週	裝飾花藝
12 月	聖誕節	*****	節日前一個月	花圈、壁飾、聖誕樹、各式各樣的創作作品

其他	婚嫁好日	*****	前二週	捧花、胸花、會場佈置
其他	初一十五	*	前三天	祭拜花束
其他	宗教節日 神明生日	**		高架花籃
尾牙	每年的農曆 12 月 6 日為尾牙,對應國曆的前後兩週都是尾牙活動舉辦的期間。			
春酒	新曆年後一直到農曆正月尾,都是春酒活動的旺季;和尾牙相同,都適合活動人員胸花、講桌花或是花藝、氣球佈置等。			

🖐 店面管理

管理每個行業都不容易，每一個環節都不容馬虎，鮮花容易枯萎或折損，因此進貨與出貨、人事管理就顯得更為重要。管理做得好，任何事情都水到渠成，也會體現在收支上，因此應該將各個管理項目都做到數據化。

一間花店的一週及一天的工作時間表大致如下範例所示，不過實際的時間分配還是會因不同店、不同的運營模式而有所分別，以下的時間表，可以當作簡單的參考，如果暫無時間分配的概念，不妨參考下面所舉例的時間表：

花店一週時間表範例：

週一：進貨整理 / 店面陳設整理 / 陳列展示調整

週二：商品製作、訂單出貨 / 日常業務營運 / 補充展示作品

週三：商品製作、訂單出貨 / 日常業務營運 / 預定下週特定材料

週四：商品製作、訂單出貨 / 日常業務營運 /
　　　第一次店面大整理 / 第二次進貨整理

週五：商品製作、訂單出貨 / 日常業務營運 / 清算與預定下週貨品

週六：商品製作、訂單出貨 / 日常業務營運 / 當週訂單結算

週日：店休或店面大整理

花店一天時間表範例：

08：00　店面清潔整理

09：00　確認電子信箱與訂單狀況

10：00　安排當日訂單出貨事宜與文書資料整理

11：00 製作訂單

12：00 午休時間

13：00 管理社群網站／晚班上班

14：00 準備發文的商品拍攝與文案撰寫

15：00 設定社群發文

16：00 製作訂單／社群發文

17：00 晚班晚餐時間

18：00 早班下班／整理店鋪

19：00 製作訂單／社群發文／收發信件

20：00 店面整理

21：00 結算當日盈餘

22：00 收店事宜

依照舉例的時間表，為花店安排出大致的工作時間規劃，依照經營模式的不同，可以在既有的框架加入自己店內不同運營項目的時間排程，這樣一來可以使一開始對花店毫無經營觀念的人更有管理頭緒，在人員調動的分配上，也能夠進行適當的調度，不會像無頭蒼蠅一樣，不知道該從哪邊著手才好。

人員與職務內容

· 店長：訂單業務安排、資料建檔整理、排班調度、進出貨管理。

· 花藝設計師：花材採購、店面陳列、商品打樣、訂單製作。

· 設計師助理：店面環境整理、訂單準備工作、協助出貨。

· 客戶服務：社群媒體與行銷、客戶管理與諮詢服務。

· 配送人員：初期少量的出貨可以考慮外包，但進入規模化後就需要雇用配送人員。如果成本考量上允許，能夠擁有自家的配送人員當然是最好的選擇，這樣可以依照自己的時間進行調度，排定上午與下午各一趟的行程，也能從中得知收花人在第一時間對於產品的反應，但在路線的規劃上要依據規則性的安排，才能達到省時省力。

· 金流：不管是花店還是工作室，出納和會計都是十分重要的崗位，出納管理金錢，會計負責做帳，可以利用各種報表和財務軟體來進行操作，規模較大的花店，會計與出納最好分開管理。一開始經營時，若無預算能夠支付兩人的薪資，也可以先自己擔任此職位。

· 會計：核對花商資材商明細、顧客應收的款項、員工薪資、花店管銷等，將其數字化或報表化，若能有較詳細的報表及數字，才能看出改進的空間與問題的所在。

· 出納：經收現金的人，支付廠商貨款。如果花藝師能將進貨品項控管好，剔除不良品質花材的引進，即可達到降低成本。

· 管銷：分為固定與變動。冰箱折舊、貨車折舊、水電費用、電話網路、工資、雜支（印表機、墨水匣、油資）、房租……等。

以上職務無論大小都應該各司其職。人只有兩隻手，不可能同時管理所有事情，團隊合作比起獨攬一身，更能幫助到花店最終的盈利，讓花店的路走得更長遠。

商品定價		
進貨成本	花材、花器、包裝、卡片等	0.3
管銷與工資	租金、工資、勞保	0.3
淨利	利潤	0.3
雜項	隱藏性成本（風險性成本）	0.1

舉例說明：2000 元的訂單		
進貨成本	600	0.3
管銷與工資	600	0.3
淨利	600	0.3
雜項	200	0.1

成本考量

若花卉資材與管銷成本為A，收入減去A即等於毛利，毛利乘以1.05即為售價，一年一次營業所得稅金為16%，這部分也要列入定價中。

善用電腦軟體進行管理

使用花店專門的管理軟體，可以完善的管理貨物進出、庫存，更可以將客戶與訂單資料留作紀錄，成為未來的資源。

線上推廣

利用網路將花店與本地的生活服務進行結合，像是FACEBOOK、INSTAGRAM、GOOGLE商家、WECHAT、LINE、TWITTER等，使用網路平台可以增加與當地粉絲互動，利用廣告增加曝光率與傳播，更能與商家進行串聯。在累積一定的作品後，只要在官方網站上展示作品，便能讓消費者直接在線上進行訂購。在花店的同業聯盟中也可以選擇加入具有系統性的商城（例如：TFTD台灣花店協會），可以跨城市聯盟，更可以互利同業，加乘彼此的效益。

訂購單 / 簽收單 / 包裝

草創時期若沒有相當的資本額製作包裝設計，那就要注意市場上現有的材料種類的挑選，若資本額足夠，一定要選擇與包裝設計師或高品質的廠商，來製作專屬的文宣商品，像是提袋、包裝紙張、小卡片等，因為一間花店的包裝如果做得好，可以營造出店家的獨一無二，更能使商品有設計感、精緻感，提高售價與服務，也能消除顧客對於在你與不同店家間，購買同種類商品的不平衡感。

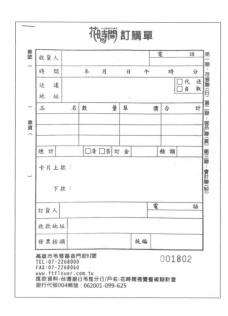

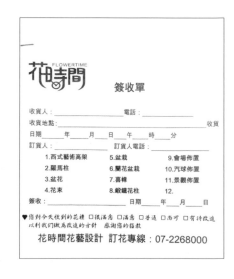

門市接待 & 顧客應對

專業的花店經營者，需要具備美感與設計能力外，也要明白花藝設計師的身份並不是一間花店的全部，如何賺到錢讓花店長久的生存下去才是重點，而「銷售」就是最關鍵的。銷售的過程中，一定要具備敏銳的觀察力、專業的協助引導，輔助顧客找到真正的需求。

在門市中每天都一定會遇到電話的接聽與下單，一定要重視對於接聽電話的培訓，在接電話前將自己準備好，端正姿勢、面帶微笑，使用禮貌的問候用語，不疾不徐的清晰表達。過程中，要仔細記錄內容，不要做其他的事情。只要能夠用這樣的態度接聽每一通電話，客人也一定能感受到這一間店對他們的尊重，後續下單就會容易許多。

面對門市的客人，一定要以親切的微笑加上問候，千萬不要因為手邊的工作忙碌就忘記問候上門的客人，或是冷淡不予理會，這都是不好的行為。店面整體風格給人的體驗外，服務人員給客人的第一印象也是關鍵，如何在短時間內培養客人的信任感，了解顧客傳達的語意。通常在一應一答的過程中，就能夠了解送花與收花人的喜好，若聽到他們背後的小故事，就可以根據瞭解到的客人喜好來進行設計，選擇適合的色彩與花材，做到完善的設計，讓商品本身較其他店家保鮮期長、購買體驗更好、能願意全心的信任我們，這樣便能建立長期的銷售合作。曾經有客人在我的店裡消費了一次之後，後續與女朋友的交往、求婚、訂婚、結婚、紀念日到年節送禮……都會回頭來找我進行服務，如果能讓每一位顧客都做到長期銷售，花店怎麼可能會經營不下去呢？

花材零售也是業務之一。零售花材上我們要注意，最好規定一定的販售數量，因為在零售的過程當中，如果客人都是進行單支的挑選購買，常常會在拿放的過程當中，不小心造成損傷與開關冰箱過程中的基本消耗。

政府部門或飯店的長期供應配合、公司行號商業類慶典（春酒、尾牙、週年紀

念）、婚禮會場佈置等……需要長時間溝通時，應該讓客人好好的坐下來，準備茶水餅乾等，從道聲恭喜開始進行諮詢與溝通，讓顧客了解到我們的誠意，也可以使對方的諮詢過程更加完美，培養成為回頭客的潛力。

而一般常見的問題，就是詢問客戶送花的場合與用途，確認類別之後，我們需要能夠馬上回饋客人專業的建議。例如：若是想要贈送公司行號或是開幕活動，就可以建議客人選擇常綠的盆栽或蘭花盆栽；而咖啡館、髮型沙龍等可以建議送設計感強烈的盆花；工廠或是空間較大的場地，可以建議送高架花籃或是羅馬柱式的花籃……像這樣給予專業的建議，能夠提高客戶對我們的信任，也是累積商店信譽的一種方式。

商品在下訂時的尺寸樣式、顏色、價格等，一定都要提供參考的照片，收、送花人的訂購資訊，卡片賀詞的中文與英文拼音是否有錯別字等，需要反覆跟客人進行確認，而送花的時間，若是為開幕所用，就要詢問是否可以提前一天送達，若是開幕當天有酒會，送花時間都要清楚問好，以免白跑一趟或是錯過送花時間，在商品送達前後，都可以提供客人完成的作品、卡片的內文照，與送達後的擺放位置照片，這樣能讓所有的細節都無懈可擊，才不會遇到後續的客訴問題。

商業花語

每種花材因為不同的顏色、外形、個性、名稱、生長背景、古代神話故事⋯⋯等，產生出不同的寓意，若我們能對每一種花材有基本的了解，就可以在與客人介紹時，做出最佳的引導建議。在普遍代表的花材寓意外，也可能因為每一個買花的客人、不同的故事，而有了不同的寓意。

花名	花語	花名	花語
三色堇	思慕、想念	矢車菊	細緻、可愛、純潔、幸福
櫻花	純潔、高雅、對你微笑	麥稈菊	永恆的記憶、刻畫仕心
菊花	高尚、高潔、清淨、長壽	水仙	自信、美好
法國小菊	忍耐	中國水仙	吉祥、好運、想念
波斯菊	純真並永遠快樂	西洋水仙	自戀、愛慕、期盼
雛菊	純潔、天真、堅強、希望	火焰百合	炙熱、自信、熱情
白色百合	純潔、莊嚴、聖母之花	黃色百合	感激、快樂
香水百合	祝福、順利	水仙百合	喜悅、期待相逢
梅花	堅強、忠貞、忍耐、高雅	薔薇	愛、美、熱情
杜鵑花	節制、喜悅、永遠屬於你	繡球花	包容、團聚、永恆
聖誕紅	祝福、我的心在燃燒	洋桔梗	感動、真誠不變
紫羅蘭	未來、富足、美德	飛燕草	自由、飛翔、清淨
杏花	嬌羞、幸福、幸運	梨花	純真、純潔、美好、永不分離
梔子花	永恆的愛、守候和喜悅	牡丹	圓滿、富貴、華麗、吉祥
白頭翁	期待、默默等待	鈴蘭	幸福的回歸、純潔、謙遜
滿天星	青春、真誠、浪漫	鬱金香	無止盡的愛、開朗、體貼

花名	花語	花名	花語
薰衣草	優美、沉默、等待愛情	大理花	雍容、優雅、華麗
風信子	生命力、勝利、享受人生	向日葵	開朗、光輝、勇敢追求
玫瑰（紅）	大方、熱情、真心、求愛	玫瑰（粉）	初戀、可愛、特別的呵護
玫瑰（黃）	友誼、祝福、歉意	玫瑰（橘）	關愛、信賴、溫暖
玫瑰（藍）	奇蹟、夢想成真	玫瑰（紫）	氣質、神祕、高貴
玫瑰（白）	優雅、純潔、單純美好	玫瑰（黑）	神祕高貴、唯一
多頭玫瑰	美好的、深深的思念	彩虹玫瑰	幸福、充滿無限希望
聖誕玫瑰	猶豫、拿出勇氣	鳶尾花	愛的使者、力量、光明、自由
虞美人	安慰、關心	荷花	忠貞、信仰、純潔的心
康乃馨	母愛、感恩、不求代價	非洲菊	快樂、毅力、不畏艱難
香豌豆	優美、甜蜜、溫馨	蝴蝶蘭	高雅、順心和諧、幸福飛來
文心蘭	無憂無慮、輕鬆歡樂、豐饒	海芋	優雅、高貴、潔淨、清秀
星辰花	永遠不變、永恆	伯利恆之星	純潔、純粹、希望
小蒼蘭	純潔、清心、舒暢	天堂鳥	自由、無畏、期盼
孔雀草	天真浪漫、活潑	卡斯比亞	蘊藏喜悅、不變
百日草	高陞、長存、堅忍	金魚草	單純、繁華似錦
雞冠花	真摯、朝氣蓬勃	洋甘菊	撫慰、不畏艱難
萬壽菊	長壽、健康、多福		

花卉1至999朵寓意

花卉	寓意	花卉	寓意
1 朵	你是我的唯一、情有獨鍾	27 朵	這一生的伴侶
2 朵	這個世界只有我們	30 朵	請接受我的愛
3 朵	我愛你	33 朵	三生三世
4 朵	誓言、承諾	36 朵	只屬於你
5 朵	無悔	40 朵	堅定
6 朵	順心如意、願你一切順利	44 朵	至死不渝
7 朵	幸運、相逢	48 朵	雙倍的愛
8 朵	彌補、歉意、請原諒我	50 朵	無悔的愛
9 朵	長久、堅定	51 朵	我心中只有你
10 朵	十全十美	57 朵	吾愛吾妻
11 朵	一心一意、一生一世	60 朵	分分秒秒
12 朵	心心相印	66 朵	事事順利、真愛不變
13 朵	友誼長存、暗戀	77 朵	有緣相逢
14 朵	驕傲	88 朵	彌補歉意、無限
15 朵	守護	99 朵	天長地久
16 朵	一帆風順	100 朵	白頭偕老
17 朵	好聚好散、和你一起	101 朵	直到永遠的愛、求婚
18 朵	青春永駐	108 朵	求婚
19 朵	一生長久	111 朵	一生一世、愛你一個
20 朵	愛你	123 朵	自由
21 朵	最愛的你	144 朵	愛你生生世世
22 朵	雙雙對對、兩情相悅	365 朵	天天愛你
24 朵	一整天的思念	520 朵	我愛你
25 朵	捎來幸福	999 朵	長相守直到永久

☞ 花藝色彩心理學

花店經營者對於色彩心理學所帶來的不同感受，也需要有所學習，像是在不同性別之間，對於色彩的反應也有所不同。科學的數據研究上，都不斷的證明，男性與女性在選擇男性化和女性化顏色時，會有不同的偏好。像是文獻中對於色彩感知的研究顯現了，男性喜歡明亮、對比鮮明的顏色，而女性則喜歡柔和的色調；而通用的像是男性和女性都喜歡藍色和綠色；有趣的是很多女性偏好紫色，但男性則偏多討厭這個顏色。

再來會影響色彩心理學的還有年齡，就像我們在店舖中遇到的不同年齡層一樣，新生兒與孩童族群，喜歡純色、亮色、柔色系的顏色；當向上成長進入青少年、壯年時期，會從鮮豔的色調開始逐漸趨傾向沉穩的顏色；而在老年人的這一個族群，特別是針對70歲以上的老年人族群時，也可以使用鮮豔的紅色。

年齡和性別以外，還有另一個影響色彩心理學的因素，就是世界上每一個國家的文化背景。例如白色在東西方文化中就有不同的意義：西方國家對於白色的感覺是代表著天真、純潔和希望；但是在東方的亞洲國家地區，白色則與噩運、死亡和哀悼連結在一起。所以身為花藝師，在色彩上的研究，一定要多方的學習與涉獵。

無彩色	無彩色就是僅有「明度」的顏色。		
暖色系	色環中從黃色到紅紫色被稱為暖色。暖色系的色彩會帶給人暖和、不透明、貼近與沉重的印象。		
冷色系	色環中從紫色到黃綠色被稱為冷色，冷色系的色彩會帶給人冰冷、透明、遙遠與輕盈的印象。		
紅色	熱情、活潑、激情、興奮、戰鬥	粉色	可愛、浪漫、溫柔、照顧、天真
橘色	溫暖、豐富、愉悅、活躍、鮮豔	棕色	真實、沉穩、厚實、大地、穩定
黃色	樂觀、光明、光輝、新奇、外向	黑色	認真、威嚴、憂傷、權威、高貴
綠色	自然、環保、新鮮、協調、安全	白色	純潔、乾淨、和平、輕快、簡單
藍色	信賴、忠誠、永恆、寒冷、智慧	灰色	休閒、平衡、成熟、低調、安靜
紫色	神祕、威嚴、優雅、成熟、神聖		

📖 編排商業花禮卡片

商業花禮常常都會需要因應客戶要求製作卡片，通常可分為兩種，第一種是內容較多、較私密的撰文式卡片；另一種則是對外公開、相當正式的祝福（賀）文卡片。如果花店有公版設計樣式的商品，那麼我們就可以在設計商品的同時，將搭配的卡片色系與尺寸同時製作完成。但若是針對特別訂製的客製化商品，則需搭配商品色系與符合比例的卡片尺寸去設計。花店最常遇到的卡片類型，就是喜事與喪事兩大類，以下為卡片內容編排的範例，提供大家作為參考：

喜慶類卡片

※ 備註：上款為收花人抬頭、名稱、活動形式，中款為撰文內容，下款為送花人抬頭、名稱。一般來說要注意下款送花人的抬頭，在排版上的長度不可以超過（前）收花人的抬頭、名稱，可以表示尊敬或表達送花人的禮貌。

台式傳統喪禮卡片

男性

敬悼 〇公〇〇 先生 千古

流芳百世

〇〇〇 敬輓

店家LOGO

女性

敬悼 〇媽〇〇 夫人 仙逝

流芳百世

〇〇〇 敬輓

店家LOGO

敬悼 〇〇〇母親/父親大人 仙逝

流芳百世

孝子/孝女 〇〇〇 叩泣

店家LOGO

※ 備註：喪禮送花人因不同親屬
關係，需對應不同上、下款稱謂。

西方宗教喪禮卡片

主內 〇〇〇〇 弟兄/姐妹 安息

安息主懷

弟兄/姐妹 〇〇〇 敬輓

店家LOGO

☞ 花店裡的小故事

在花店工作數十年，總有一些特別難忘的故事，值得一再回味。有些新奇，也有驚險、難過、或許開心……雖然有的故事不見得圓滿，但都有著美麗的花陪襯著，也因為如此，讓身為花藝師的我們，參與了許許多多人的人生的一部分……

情人節訂花的刑警大人

過去在特種行業商業區開店時，曾經來過一位氣質雅痞的刑警大人，當時他騎著一台破舊的摩托車來到店裡，一口氣就訂了3束花，並向我們特別強調在送花時千萬不要弄錯卡片，結果當天實在太忙，卡片還是被工讀生弄錯了……本來第一束花是要送給「老婆」，但這束「老婆」的紫色鬱金香花束，卻誤放上寫著：「親愛的約瑟芬：情人節快樂，晚上等我喔！愛你的老公留。」的卡片。更慘的是簽收單上面的訂花人寫的就是刑警大人的姓氏與電話，當我們發現時，背脊不禁一涼，深怕直接被刑警大人「滅口」。後來親自打電話和收花者說明，是花店情人節太忙，弄錯收花人的卡片，這場差點造成家庭紛爭的風波才得以平息。有鑑於此，下半年的七夕情人節，帥氣的刑警大人接受我們的建議，卡片收花人一律寫：「親愛的老婆大人」，送花人一律寫：「老公」。這樣才能避免慘劇再次發生……

不同命運的99朵玫瑰花束

在花店中，出現99朵玫瑰花束的訂單，都會特別地讓人印象深刻。可以想見，花朵本身的美麗，都不及收花人被投以羨慕眼光的興奮感。曾有一筆訂單讓人記憶深刻，當時的收花者是一位空姐，當花送到了辦公室，因為是不喜歡的人送的，對方只冷冷的回覆：「這麼大束花只有一個地方可以放，就是垃圾桶。」雖然花束承載了滿滿的心意，但不是對的人，送什麼禮物都無法得到對方的心……

而另一束讓人難忘的99朵玫瑰花束，也出現在情人節，這是花店忙到昏天暗地的日子。有一位曾經來店裡訂過母親節花束的客人，在情人節前夕到店臨時要訂99朵白玫瑰，並且要求現場等待自己帶走。當時花藝師們交換著眼色，雖然店裡忙的不可開交，但因為是筆大訂單，還是接下了，並開始著手處理，一邊和客人聊天並請客人書寫要放在花束上的卡片，一邊馬不停蹄地處理數量繁多的玫瑰花，最後總共費了3小時才完成。當我們交付花束給客人時，客人請花藝師當場打開卡片放在花束上，卡片上面寫著：「如果妳願意和我做朋友，這就是我們的第一個情人節。」原來是一束浪漫的告白花束！雖然不知最後的結果如何，但也因為花，讓我們能在許多人的故事中擔任一個配角，讓花的美麗，能在不同人的生活中產生交集。

CHAPTER

/

2

必備商品

Must-have item

在花店裡應該有哪些必備商品呢？
盆花、花束、高架花籃、盆栽、花籃……
讓客人進門都能永不落空！

No.
01

玻 璃 圓 球

花材與葉材　粉紅色金花石蒜・橘粉色玫瑰・橘色庭園玫瑰・粉紅色多頭玫瑰・杏色大康乃馨・粉紅色泡盛草・白色大理花（噴色淺橘）・圓葉尤加利葉・綠色四季迷・常春藤・乾燥柳丁片・胡蘿蔔

送禮場合　店家開幕・品牌活動・藝文展演・行銷宣傳・餐飲行業・大廳週花・節日禮物・週年紀念・新居落成

擺放位置　靠牆面或任何可以360°觀賞的位置，例如展示桌、櫃檯。

玻璃圓球的商品，適合想要嘗試大膽風格卻又有點保守的客戶群。因為顧客說的可能和心裡想的不一樣，就像故事的真相往往不像表面上看到的這麼簡單，客人的心思也是一樣的。有時說要小一點，但卻又不想要太小；說要大一點，但又因為預算不夠而不要太大……像這樣需要猜心與讀心的事情，每天都在花店中上演，考驗著花店員工的應對與處理能力。

如果商業作品想要給人有設計、精緻的感覺，可以先以小型、擺放在桌面的商品去設計。透明玻璃花器的系列作品，因為容器本身也是花店在陳列上必備的基本款式，適合用在臨時接到的訂單。在設計上要注意的是，要使用相同尺寸的塑膠底盤，卡在瓶口處後，再將底盤打上海綿。一定要作到將花與容器可以分離的設計手法，這樣在運送或是配送的過程也較為安全。

這個作品中使用的是胡蘿蔔，另外也可以使用像馬鈴薯、南瓜等根莖類蔬菜，或是咖啡豆、多肉植物、葉片、木塊、石頭與玩偶等不同變化的材料……下方的擺放物可以選擇貼近收花者類型的物件。如果客人在預算上較為充裕，就可以使用像是鏡面、木頭切片等底座，讓作品有更高的完整度，也會呈現出像是展示佈置的感覺。常常當收花人收到這個作品後，都會回饋說，每每看到這個設計時就不禁會心一笑。這是因為讓客人看到的不僅是花，而是一個別出心裁的設計。

這幾年，給人現代與高質感的店家如雨後春筍一般的開業，平均一個月，在花店都能夠接到許多這類店家的訂單，而因為玻璃容器的透明、俐落，所以很適合送給此類型的商家喔！

CHAPTER 2
Must-have item

No.
02

年 節 ・ 拜 訪 賀 禮

花材與葉材 直松・粉紅色帝王花・紅色腎藥蘭・粉紅
色虎頭蘭・桃色大理花・桃色大康乃馨・
紅色進口玫瑰花・進口太妃糖玫瑰花・雪
梅・粉紅色乒乓菊・暗紅色茄苳葉・暗紅
色非洲鬱金香・火鶴・紅色不凋圓葉尤加
利

送禮場合 店家開幕・公司就職・榮升榮調・新春年
節・新居落成

擺放位置 位於視平線上、可以從正面觀賞作品的位
置，例如端景檯面

常常在戲劇或電影中看見，舉凡生日、大小節日、派對、紀念日……客人都會帶著
花禮登門拜訪，當受邀聚會時，就可以送這一類型的作品。設計上要注意的是，花
材可以擺放的觀賞期，是否足以維持5至7天。如果想要在作品當中加入有香味的花
材也很適合，但也要先與客人確認過相關的細節與喜好等意見。

新春年節與新居落成，通常會有訂定好的日期或是選定的入厝時間，在亞洲國家，
一般最常用與最適合的顏色，大多是以紅色為主的搭配，配上鄰近色或是金屬色，
在和客人諮詢的過程中，可以進一步詢問：收花者的家居裝潢風格，是北歐簡約
風？還是歐式古典風格？藉此來當作色系的參考與建議。

花 束

No. 03

花材與葉材	巧克力向日葵・綠石竹・紅色狼尾草・迷迭香・橘色高山波斯菊
送禮場合	父親節・專業場合・畢業典禮

花材與葉材	乾燥白色蘆葦・向日葵・唐棉・佛塔花・水藍色繡球花・圓葉尤加利
送禮場合	畢業典禮・追求・致歉

冷色系的藍色，給人沉穩、信賴及專業的印象，適合送給不同年齡層的男性友人，或是出現於不同專業領域的場合中。花束可以直立擺放於各個位置，建議於客人收到花束時，可以附註提醒（或是夾有商品照顧須知卡片），內容可以包含花束的最佳拿放方式、觀賞與拍照角度，後續可將花束拆解、重新整理後移至花瓶容器。

花材與葉材　粉紅色金花石蒜・紫色晨
　　　　　　露玫瑰花・紫紅色海芋・
　　　　　　紅笈花・白色泡盛草・小
　　　　　　手毬葉・銀葉菊

送禮場合　　節日紀念・生日禮物・音
　　　　　　樂展演・醫院探訪・接機

花材與葉材　紅色進口玫瑰花・臺灣產
　　　　　　紅色玫瑰花・圓葉尤加利
　　　　　　葉

送禮場合　　求婚・告白・週年紀念

花束包裝時需留意是否有可以夾放卡片的空白處，以及可以黏貼帶有花店商標貼紙的位
置。

CHAPTER 2
Must-have item

花材與葉材　白色與藍色索拉牡丹・黃色木片
太陽花・棉花・漂白小麥・橘色
加納利・乾燥圓葉尤加利・原色
兔尾草・黃色水晶花・白色芒萁

送禮場合　節日紀念・生日禮物・音樂展
演・商家開幕

花店常常會遇到想要在節日送禮或是告白、求婚的客人，客人常常不太懂得如何選擇或搭配花材，更不用說花束包裝方式了。這時我們可以向客人詢問：收花人平常的穿著風格或喜歡的顏色等問題。如果客人想來想去都想不到時，我通常會給客人一個簡單的答案，就是簡單的色調搭配簡潔的外層包裝，質感與情感都兼具，通常這樣的方向就可以讓客戶很放心地讓我著手進行設計。

向日葵也被稱作太陽花或向陽花，其花語的寓意是樂觀、光明、朝著同一個方向前進。因此在花店中，最常被用來送給即將畢業的學生，或是在人生中找到了屬於自己的方向，一直往同一個目標前進努力的人。

花店裡也常遇到送花給藝文展演的獻花花束。這一類型的花禮都是需要獻給舞台上的表演者，因為要配合舞台的攝影與觀賞效果，通常設計上會以長型的花束包裝為佳，且要在舞台上呈現，所以一定要加入一些簡單大方、線條明顯、視覺效果比較誇張的花材。需要特別注意的是，有一些音樂廳規定要將花束的水分完全倒掉之

後，才可以將花束送進去，這部分可以在接單時，特別向訂花人或音樂廳的工作人員進行詢問。

不知道從什麼時候開始，韓流已經成為全世界不容小覷的流行風潮。近幾年因為韓式網紅花店的崛起，在台灣也常常有客人詢問有沒有販售這一類型的花束，讓現今的花藝界籠罩著一股韓風。但從業已經多年的我，覺得韓式包裝其實和最早期的台灣花店的包裝技術是一樣的，只是不同的年代有不同流行的包裝紙。

韓式包裝紙色調大部份都是加了灰色或白色，恰好趕上時尚界流行的顏色。台灣早期的花店只會埋頭苦做、完全不管當時流行的顏色，有時更會使用全部印愛心、星型或大圓點圖案的包裝紙，好像完全沒在管時尚潮流這件事。

韓式花束的包裝方式，運用了層層疊放營造出空氣感，與花材的搭配更是相得益彰，不突兀也不弱化，使得整體氛圍非常和諧，難怪會受到現在審美觀點的歡迎。

高架花籃

花材與葉材　紅色進口玫瑰花・紅色臺灣玫瑰花・白色繡球花・白色絲菊（噴色）・鮭魚粉羽毛草・白鬱金香（噴色）・白色牡丹菊（噴色）・白色康乃馨（噴色）・白桔梗一把（噴色）・淡黃橘色大理花・腎藥蘭・針墊花・小盼草（噴色）・紅色柔麗絲・商陸（噴色）・茄苳葉・尤加利葉

送禮場合　店家開幕・品牌活動・週年慶祝・藝文展演・公司就職・婚宴會場

擺放位置　活動會場與商家店鋪內、外靠近入口動線的位置

遇到訂購商業高架花籃時，建議千萬不要再插傳統花店的三角形或是圓形，對於剛入行的人來說，插成傳統型很難贏過已經在市場上生存多年的老花店，因為起跑點不一樣。可以嘗試創新或不規則的形狀，讓客人更加耳目一新。

高架花籃的接單金額不宜過低，約在新台幣3000元以上較適合。高架花籃除了運送外，還需要回收花架，往返的車程與運送人力都要納入成本裡，如果是需要運送到較偏遠的地區，應再酌收運費。

No.
05　蘭花

花材與葉材	蝴蝶蘭・雲龍柳・熊貓竹芋・乾燥迷你鳳梨
送禮場合	店家開幕・榮升榮調・新春年節・新居落成・醫院探訪
擺放位置	小型空間・醫院診所・展示櫥窗・端景檯面・接待櫃檯

花材與葉材	蝴蝶蘭・毬蘭・金錢樹・乾燥銀樺木葉・橘色馴鹿水草・樹皮
送禮場合	店家開幕・榮升榮調・新居落成・居家探訪
擺放位置	居家空間・商店空間・接待櫃檯・玄關・邊桌・端景

因為設計款式的容器材質不同，製作時需要注意將容器底部做保護處理，以防止收花人在擺放、移動時刮傷家具或空間的檯面。

花材與葉材　深紫色與淺紫色石斛蘭・合
　　　　　　果芋・迷你鳳梨・黃色針墊
　　　　　　花・串鼻龍・彩色木棍

送禮場合　　店家開幕・節日禮物・新
　　　　　　居落成・榮升榮調

擺放位置　　居家空間・商店空間・接
　　　　　　待櫃檯・玄關・端景

蘭花盆栽在花店是長年熱銷的商品之一，觀賞期可以擺放一至三個月以上（因擺放空間、環境條件而有所不同），通常與客人溝通時，會以一個月觀賞期為主。因為蘭花的壽命長，盆栽內可以搭配能維持15天的切花來做設計，例如：火鶴、針墊花、非洲鬱金香等。

蘭花盆栽的照顧方式為七至十天澆水一次，不需要過多的水分，只要將苔草澆透即可，或是以苔草乾濕程度來判別澆水時間也可以。不同的季節與氣候，都會影響蘭花的照護方式。要記得提醒客人，最重要的是不可以在葉子上澆水，防止造成葉片腐爛，且一定要放在通風良好的空間。

設計中可以加入異材質，讓蘭花盆栽更具有新鮮感，如P.104下方的作品是使用可以自由塑造不規則形狀的鋁片搭配氣質典雅的蘭花，製造材質之間的視覺衝突，就像是兩個個性完全相反的人，在一起時卻又如此和諧。

提 籃

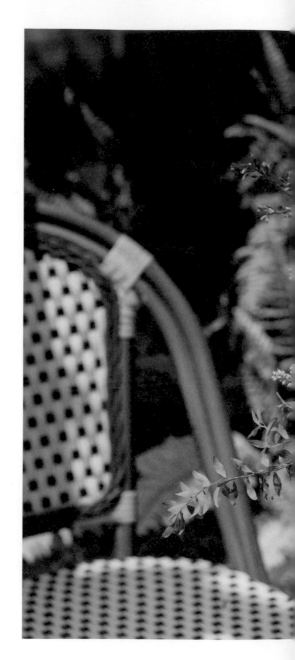

花材與葉材　淺黃大理花（噴色）‧台灣庭園玫瑰茱麗葉‧橘色玫瑰‧奶油黃庭園玫瑰‧粉色多頭玫瑰‧橘色波斯菊‧白色鬱金香（噴色）‧雪柳葉‧垂榕果花‧草木樨

送禮場合　戶外婚禮‧行銷宣傳‧節日禮物‧醫院探訪‧居家探訪

擺放位置　適合帶有鄉村、自然、田野氛圍的空間

如果連生活都過得馬馬虎虎，怎麼可能將工作打理得好？在日常生活中可以多多觀摩國外的生活家或是電影戲劇中，前往親朋好友家拜訪時，都會攜帶鮮花、酒或是甜點……這時候也非常適合帶上具有鄉村氣息的提籃花！

提籃花在設計時需要注意的是，要在提籃內層鋪上防水的透明包裝紙，靠近提把的位置不要插過多的材料，因為需要方便提放所以要注意避免過重，提籃最外圍線以綠色葉材或是較不怕碰撞的花材搭配。

提籃當中如果需要裝入水果，要留意材質與提把是否堅固，因為水果加上海綿後會有相當程度的重量。選購水果時，也要留心水果的顏色是否能夠與其他花材相搭配，挑選的水果一定要耐碰撞，像蘋果就是一個很好的選擇，且寓意為平安，常被視為好兆頭，梨子就盡量不要放，會給人諧音分離的聯想。

提籃選用的花材要不要有香味呢？如果是探病的話最好能夠避免，因為有時候香味會影響到病人的呼吸道，所以需要謹慎保守一點，以送花對象為第一優先考量。要前往醫院探訪贈送的提籃，也要避免使用太淺、白色或大紅色的花材，因為對於身處東方國家的我們來說，習俗上還是有所忌諱，盡量選擇明亮或是輕柔的淡粉、橘色，讓整體的空間感是舒服的即可。

花 盒 & 插 花 設 計

花材與葉材　馬丁紫玫瑰花・進口西敏寺玫
瑰花・淺灰染色鬱金香・巧克
力波斯菊・紫色雪梅・雲龍
柳・圓葉尤加利・多肉植物・
麥門冬・長梗毛鵝房藤・白色
藍星花・深紫康乃馨

送禮場合　　店家開幕・品牌活動・週年慶
祝・公司就職・行銷宣傳・節
日禮物・醫院探訪・居家探訪

擺放位置　　展示櫥窗・接待櫃檯・端景・
玄關・邊桌

花盒是一個很環保的花器，我自己也十分愛用。花藝設計的過程中容易製作出許多
的廢棄物，選用花盒與紙盒來設計時，容器本身可以重複再利用及便於回收的特
性，很適合一般的住家。另一方面，在整理花材過程中不小心耗損、較短、較細的
花材，也能使用在花盒上，可以減少花店在成本上的損失。

以下也介紹各種不同形式的插花設計，可以視客戶的需求來選擇。

無花器的設計

花材與葉材　進口小尖葉尤加利・卡斯比亞・古典
　　　　　　藍紫繡球花・灰紫色加納利・深紫單
　　　　　　瓣桔梗・石斑木果實・桃色大理花・
　　　　　　粉色玫瑰花・巧克力波斯菊・虎尾花

送禮場合　　品牌活動・行銷宣傳・藝文展演

擺放位置　　展示桌・展示櫥窗・接待櫃檯

香 皂 花 提 籃

花材與葉材　粉紅色香皂花・紅色香皂花・白色永生玫瑰花・法國小白梅・深綠色永生鐵線蕨・白色牡丹索拉花

送禮場合　節日紀念・生日禮物・商家開幕

擺放位置　展示櫥窗・玄關・端景・窗台

香皂花兼具使用與觀賞期長兩項優點，也是花店長年受到歡迎的商品之一。香皂花在花型與顏色選擇較少，建議可以搭配上仿真花或是永生花一起做設計，增加商品質感與價值。

永生花寶貝鞋

花材與葉材　永生玫瑰・雪松・繡球・樺木・鐵線蕨・凌風
　　　　　　草・兔尾草・羽毛草・加納利

送禮場合　　新生兒誕生賀禮

擺放位置　　展示櫥窗・玄關

精緻、小巧的永生花在花型樣式、顏色的選擇十分齊全，相
搭配的造型容器也十分多元，是近幾年相當受到歡迎的暢銷
商品。顧客在收到永生花商品時，可以附註提醒於後續的養
護時 ，要使用柔軟、小型的刷具，簡單輕拂花面、掃除灰塵
即可。

七 彩 畫 布 花

花材與葉材　紅：紅色圓葉尤加利・紅色狗尾草・腎藥蘭・迷你太陽

　　　　　　　橙：桔梗・玫瑰・羽毛草・火鶴

　　　　　　　黃：玫瑰・毛筆花

　　　　　　　綠：四季迷・石竹・常春藤・小綠菊

　　　　　　　藍：滿天星・繡球花・藍星花

　　　　　　　紫：繡線・桔梗・繡球花・加納利・墨紫康乃馨・卡斯比亞

送禮場合　品牌活動・行銷宣傳・店家開幕・藝文展演

擺放位置　接待櫃檯、展演文宣品等進出動線周邊

手 腕 型 花 束

花材與葉材　白色海芋・白色鬱金香・白色
藍星花・粉色玫瑰花・綠色繡
球花・常春藤・麥門冬

送禮場合　藝文展演・攝影外拍

手腕型花束的設計概念來自於頒獎活動上獲
獎人收到的獻花為靈感，此類型的花束不需
要包裝紙襯托，本身在設計上就相當吸睛，
小巧的造型也很適合利用在外拍攝影時作為
道具使用。

熱帶狂想風格花

花材與葉材　紅綠心虎頭蘭・芭樂葉・天堂
　　　　　　鳥葉・紅彩木・火鶴花・觀音
　　　　　　蓮・樹皮・佛塔・暗紅色非洲
　　　　　　鬱金香・樹皮

送禮場合　　店家開幕・週年慶祝・藝文展
　　　　　　演・榮升榮調

擺放位置　　商店空間・櫥窗・落地或較低
　　　　　　矮位置端景

桌上型盆花是花店常備設計款，因應不同空
間的需求，也可以設計一些造型偏瘦長且具
有高度的落地型盆花。

聖 誕 盆 花

花材與葉材 白色芒萁・絲柏・進口大圓葉尤
加利・尖葉尤加利葉・棉花・小
銀果・進口玫瑰花・藍紫色繡球
花・白色乒乓菊・白色雪梅・松
果・肉桂・流蘇・冰淇淋造型裝
飾品

送禮場合 聖誕節賀禮

擺放位置 商店空間・居家空間

聖誕節是每年度最多活動的節日之一,也是花
店每年底可以衝刺最後一波業績的旺季。在花
店的聖誕節,最暢銷的商品為聖誕樹、花圈,
其次就是許許多多的設計款式商品。

夏 日 海 島 風 情 盆 花

花材與葉材　白色帝王花・天堂鳥（噴色）・
白色康乃馨（噴色）・深淺紫色
繡球花・綠色火鶴・鬱金香・粉
色千代蘭・香蕉花・大理花・綠
色柔麗絲

送禮場合　店家開幕・品牌活動・週年慶
祝・藝文展演・婚宴會場

擺放位置　接待櫃檯・活動講台・主桌

119

來自韓國的花藝風格

Duo des fleurs「花的雙重唱」

這是一間以生動擬人的「歌唱」來命名的花藝空間，主理人是裴熙德老師。不被常見的固有想法所牽制，以大自然的神態為表情的花藝作品是Duo des fleurs一直以來所追求的風格，「探索大自然的不規則規律」則是其自然風格花藝的設計方針。

那麼，何為大自然的神態，何為花藝的靈感來源呢？她說，大自然中的一切都可以是！仔細觀察周邊的大自然，培養感受它們的心，並記住每一次你所感嘆過的細膩的美的瞬間。它可以是花朵初綻時的含苞待放、可以是開得茂盛時奪目的花蕊、可以是迎風搖曳的柔花細枝、可以是粉綠相鄰的顏色撞擊、可以是翻牆垂落的纍纍碩果……

有誰觀察過受陽光影響比較少的花莖？相較於其他莖桿會更直更長，還有迎著陽光而傾斜的花、纏繞枝幹的藤條或垂柳、四季裡草木花葉的新生與凋零、時而花團錦簇時而形單影隻的變幻莫測、還有背後曠野和天空的寬廣與景象、走入其中的行人或你我……都可以是大自然的神態表情。

對於它們的讚美，古今中外的詩詞歌賦裡比比皆是，就像那些以筆尖記錄的詩人，請你也記下感嘆於美的瞬間的那一刻，再融入指尖的創作裡，它才會被你賦予設計的靈魂。那樣的作品將會是你心中美的呈現，它才可以代表你。所以我們一定要擁有屬於自己的「大自然的藏寶庫」。也就是說，我們可以自由地活用植物的所有物理特徵，不用被固有的「手綁花就該是球型」、「花門必須是拱門形狀」……植物色彩的搭配（注1），花臉方向的變換所引發的視覺引導，花莖長短所對比出的深度，花的密度變化所表達的強弱，花臉大小的相互襯托等物理變化……就是我們的設計本身，是自由的，只要能以自己的技巧與方法表達出內心的想法即可。

在此篇中所介紹的裴老師的花藝設計，都是運用上面提到的設計元素，讓花藝作品擁有更多柔和的曲線與曲面，來引導視覺的流動性，眼睛就能識別起伏感。她常說起起伏伏即是呼吸感，有了起伏流動的呼吸感，作品整體將被賦予感官上的生命力，那她是如何去實現這些想法的呢？她為每一個作品悉心賦予意念的細膩手法，就是我們將要學習的Duo des fleurs自然風格花藝。在此強調這種設計並不代表韓國花藝，僅代表她個人的想法。

注1：這裡提到的色彩搭配不光是色相（紅、橙、黃、綠、青、藍、紫）的搭配，還有純度（純度最高到最低，就是從原色到無彩色的過程）的搭配以及明度（色彩的明亮度，從白到黑）的搭配。

Duo des fleurs作品裡的設計參考元素

接下來示範的自然手綁花設計，是有一次去巴黎時，裴老師與我在街頭偶遇，當時這個品種的大理花在韓國是比較少見的，當看到新的花，在一個新的環境裡，總是會讓人出現一些新的想法，這可能就是經常出來旅遊的原因吧！

當花材裡有花臉特別大的花時，都會有點苦惱，不知道該把花放在哪裡，因為一朵花的視覺重量過大，放在哪裡就成了大難題，而大花的視覺重量比較大，也很容易讓整體作品處於一種失衡的狀態。並不是說不可以失衡，因為失衡也可以是一種設計主題。但是當我們對這種不符合視覺平衡的設計不太熟練，或設計目的不太明確時，很容易讓人產生一種迫不及待想要恢復平衡的感覺。平衡是視覺藝術中的重要元素，我們需要理解在花藝當中，有哪些因素會影響平衡。在此可以將平衡分為物理平衡與知覺平衡。物理平衡就是作用於花材或支架上的各種力達到相互抵銷的程度，不讓花們倒下來、不讓懸掛翻過來、不讓擺在桌面上的花器倒向一邊……這種力度平衡，眼睛是看不見的。知覺平衡則是指在一個固定的框架內，例如一個手綁花上，因為每一枝花材所擁有的「知覺力」的不同，對作品重心起了一種眼睛可見的作用力，若這些作用力能達到相互抵銷的程度，就說明已達到了知覺平衡，這種知覺平衡的可視特徵就是藝術作品能夠讓人感受到不同情緒的原因。物理平衡與知覺平衡是不對等的，物理平衡是只要質量達到平衡就可以的話，知覺平衡就需要用大小、顏色、位置、視線、密度……等元素來達到平衡，這裡講到的就是Duo des fleurs經常會用的元素，以下將一一解析。

·大小

其它因素都差不多的情況下，面積越大其重量就越大。

·顏色

紅色與藍色放在一起時，紅色看起來會更重一些。而白色與黑色放在一起時，白色會顯得更大一些（參考圖1），這是因為輻射效應（注2），明亮的表面，其面積看上去會比灰暗的表面大一些，這也是為什麼一朵白色的花能夠在作品中起到強烈的點綴作用的緣故（參考圖2）。瑞秋·魯伊希Rachel Ruysch是17世紀初期的花卉靜物油畫家，她在作品中就非常善用明暗對比，圖中可見亮的部位與灰暗的部位能達到平衡，且亮色區域的面積都小於暗色區域。

圖1

注2：色彩不是物體的物理屬性。物體與輻射能相互作用，使我們的眼睛察覺這種相互作用。這種身體感覺傳到大腦，經過大腦解讀，我們就有了色彩體驗。

圖2

瑞秋·魯伊希 Rachel Ruysch 靜物插花，1710，油畫

・位置

單獨存在的一個元素很難有方向感,但若在周圍添加另一個相似的元素時,它們之間就會產生互動感,也就是軸線,這些軸線會產生方向力,也是牽引我們視線的因素。

・視線

視線比較好理解,哪怕只有一個因素,若它本身的方向明確,就會擁有牽引視線的力度。例如花看向哪個方向,眼睛就會被牽引到哪裡,也就產生軸線了。就如竇加的《舞台上的芭蕾舞排練》裡(圖3),畫中主軸線是導師看向舞台中央獨自跳舞的女孩,女孩的手勢(形態)更加明確了這一點,周邊排練的女孩們的視線各不相同,形成了更多視線上的細節,讓整幅畫作顯得更富有靈魂與閱讀性。在花藝作品當中也是一樣的道理。

愛德加・竇加 舞台上的芭蕾舞排練 1974,54.3x73cm,油畫,大都會藝術博物館Metropolitan Museum of Art, The Met,紐約

・密度

在物理屬性上是被質量與體積所決定的。所以在同樣的體積內,密度越大,質量就越大。在一個花藝作品裡,視覺重量也可以用花的密度來體現。在Duo des fleurs成立初期,都會覺得在燭臺、大花翁等大的花器上、或花拱門上,必須要用花臉大的花才可以,不然零零碎碎的小花只會顯得凌亂。這就導致在花材的選擇上非常有侷限性,所以便開始讓花材以群組插作,將一枝多頭花材當成一朵大花來使用,但是需要注意的是多頭花材在未打開時,因看不到花瓣內側顏色,表現的顏色會比較模糊,所以在製作不用考慮花期的短期空間裝飾時,就會選擇用手打開多頭花材的花臉,來展現出明顯的顏色,但如

果是需要考慮花期，需要維持3至5天的展覽時則另當別論。多頭玫瑰密度越大、視覺重量就越大，越有視覺衝擊力。緊密的多頭玫瑰可以形成一條強烈的主線，也可以用顏色的面積來理解這個概念，像一條彎曲的立體的絲帶，流淌在花拱門或懸掛作品上。

接下來為大家示範的是結合以上要素，所設計的Duo des fleurs風格的自然手綁花束。手綁花束的設計方向可以取決於很多因素，根據前面所提到的知覺平衡，且幸運地買到了少見的霸王大理花，它所具備的大氣感可以成為一個主線。那麼如何讓面積又大、顏色亮、視覺重量那麼突出的大理花融入設計呢？我們可以為自己定一個方向，根據花材的特徵，霸王大理花給人的感覺比較華麗，所以如何讓這種華貴感表現得不誇張，讓人欣賞起來更舒適，且搭配其他花材襯托出大理花的大氣，讓整體有起伏的呼吸感，就可以變成這個花束的設計方向。

在自然系風格裡，不用被螺旋花腳的手法所拘束，所以就出現了無螺旋法NON-SPYRAL。但是，不被螺旋花腳所拘束的前提是，綁花的手法已經熟練到就算不作螺旋花腳也不會傷到花莖。所以螺旋花腳的手法不夠熟練時，還是需要以此來保護花莖，確保花材能夠吸到水。

那麼我們就開始吧！

How to make

step

01

先大致決定作品的寬度與方向,選擇黃花敗醬草作為主要線條花材,同時是骨架的角色,它可以基本決定手綁花的體積與方向。當慣用手是右手時可以選擇右邊當體積更大的區域,這樣製作螺旋花腳時會更方便操作。一般都會選擇當季花材,莖桿不會特別過軟就可以。

step

02

幫助勾勒架構。因為黃花敗醬草枝幹比較空,容易單調,所以加入蘆葦一起完成骨架的角色,增加型態與顏色不同的蘆葦增加架構的細節,且架構本身也需要營造參差不齊的凹凸立體感。

step

03

開始構思主軸線。淺橘大理花作為視覺衝擊力最強烈的存在,它的位置決定了手綁花整體的視覺主軸線,從上方平面四等分時,高的一朵在右後方的話,矮的一朵在左前方,錯開擺放。一般都是左邊一個、右邊一個放在外輪廓線上,一邊高的在右後方,一邊矮的在左前方,將花臉方向錯開。

step

04

填充中心,增加飽滿感。在手綁花內部填充中心的位置,撐起主花莖的距離,讓長花莖的花之間形成空間感,這樣一來花朵不容易改變位置,也不會相互擠壓,還可保護花莖,並遮擋住不好看的花莖線條,填充了內部,可使最終作品顯得飽滿蓬鬆。

125

step
05

從內部增加正面蓬鬆感。零零碎碎的花圍繞在大的主花周邊時，更能突顯主花，且能增加田野感。若隱若現的零碎花，也需要高低及方向不同，表達出自己的曲面。

step
07

形成正面立體感。多頭花材一般都是組群分佈，盡量讓花頭不要太分散，可以使用透明膠帶合併在一起，或讓柔軟的花莖纏繞成一組。在此需要注意玫瑰花臉要朝前，從正面不能看到花莖與花柄。尤其是讓多頭玫瑰當主花時，要讓花臉盡量朝前，躺在手掌的虎口或花器邊緣上。為了增加正面飽滿度，再加了些洋蓍草。

step
06

內部填充，從俯面觀看時更明顯。主要在前半部分增加手綁花往前跳躍的感覺，小臉的多頭花材要組群分佈，避免零散分布打亂視覺閱讀順序。視覺閱讀順序為，人在觀看這個作品時，作品中的花材吸引眼睛的力度都各不相同，它們特有的形態與位置也會決定人們看到它的順序，這時需要很明確地瞭解哪些特徵的花材在一起會產生出的視覺效果，這就需要在平時的觀察當中整理出一套自己的數據。例如粉色與藍色的柔軟質感花材在一起時是什麼感覺？綠色啤酒花與桃粉色多頭玫瑰在一起時是什麼感覺？這些顏色搭配與特定花材搭配的組合，都可以裝進我們腦中的設計資料庫。

step
08

連接作品的左右邊。這個位置上的花材，喜歡選擇花臉方向比較明顯且扁平的花。可以想像一群小孩從山的後面順著山溝搖頭晃腦地陸陸續續往前的模樣，或從岩石上彎曲流淌的溪流……往外延伸出去的大波斯菊，有撐開空間的作用，沒有這種脫離形態的自由線條時，會有一種被牆壁和天花板壓得喘不過氣的感覺。有了飄逸的柔和線條，其他的花會顯得更加透氣自在。

step
09

在左側形成明顯的軸線。選用了自己種的紫藤花，大概在韓國的十月底時，紫藤的葉子會被秋天染成暖黃色，這種顏色的變化很美，從夏天的翠綠色、初秋的黃綠色、再到晚秋的暖黃色。紫藤是蔓藤類植物，在形狀特徵上很容易形成線條。紫藤不僅形態長，葉子面積也不小，所以可以平衡大理花中的白色形成的視覺重量。為了讓紫藤葉特有的新鮮黃綠色增加整體的青翠感，在右側也加了些許紫藤。像類似的蔓藤類植物，盡量展現它本身原有的生長特色，順著其他花材圍繞上去，或在端點位置垂落。為了不讓它被其他花擋住，所以在手綁花大致成型後再加入，也可以選用常春藤或者百香果藤蔓代替紫藤。

圖A

圖B

圖C

step
10

讓主角撐起作品主體,並增加起伏感。到了這個階段是否有一種恍然大悟的感覺?
在前面一直覺得空空的那個位置,終於有了主人,這就是達到了舒服的視覺平衡。
四朵大理花的分佈於朝向上方,中間,下端,左邊,右邊,前方,後方都分佈得比
較全面,因為這種視覺重量過大的花材,聚集在某一位置時,作品整體重心就會倒
向一邊,如果不是故意設計的,就很容易有不舒服的感覺。有前後層次時,會有主
次感,往前凸起的大理花也能夠在正面增加起伏的呼吸感。起伏感不能只考慮正
面,兩側與上方也要形成曲面,在這個作品當中,側面的曲線由日本多頭玫瑰(圖
B)與紫藤擔任(圖A)。小花也要在自己的區域內高低參差不齊,形成波浪。而
在步驟9中形成的左側綠色軸線,剛好平衡了大理花所形成的右側白色主軸線。我
們可以在圖A中遮擋住左側的紫藤,就會發現重心直接倒向右側的白色主軸線上。
再從上方看一下手綁花的厚度,要達到一定厚度,才能讓手綁花更有立體感(圖
C),往上延伸的花材也要往後延伸。

以特有的形態與顏色起到點綴的作用。墨西哥鼠尾草的是細長形的，顏色銀中帶粉，在作品中比較獨特顯眼，是很好的點綴花材，因為大部分的花臉都是圓形的，所以選用了銀色與粉色相間的尖形花材來形成對比。但是質感比較柔和的墨西哥鼠尾草，其中的粉色與大波斯菊也能形成顏色的連接，不會顯得太突兀。左邊突兀的一枝會在下一步得到緩和。不喜歡在作品裡露出粗又直的花莖，因為會讓花臉的連接突然斷掉，花臉的連接也就是顏色的連接，突然的脫節不符合所追求的曲線曲面設計。

讓外輪廓線完整。左後方的空白是為了不讓作品形成一個悶悶的球型，但是完全空著，也會有塌陷感，這時會需要一些能夠填充空間，但又不會完全喪失留白的透氣感花材，例如小盼草、粉黛亂子草、細葉結縷草等，在此選用了糠稷。加入糠稷之後，外輪廓線上有更明顯的曲線，也會增加夢幻感，因為質感的巨大差異，兩側雖然高度相似，但是也不會有對稱感。

step
13

step
14

使手綁花的底盤變寬。再加入一些黃花
敗醬草,這種零碎質感的花材,不僅要
在作品內部充當充實中心的填充角色,
也需要在看得見的大花周邊擔任襯托的
角色。在裡面隱約可見的部分與外面凸
出來的相同花材,會讓作品顯得更有深
度。反之,若裡面沒有零碎花材,而直
接在外面加入時,大花很容易被推到裡
面去,在外面的零碎花材與主體也沒有
一體感。所以使用線條好看的零碎小花
鋪底,又在外面襯托高的主花時,才能
讓手綁花裡外融合。還有,像大波斯菊
一樣的線條花材,很容易被「一定要位
置高」的固定想法所侷限,這樣會有一
種飄浮在作品表層的空虛感,如同裡外
的「合唱」不夠和諧。當同一種花材,
形成很矮與很高的落差時,才能表達作
品顏色的深度(步驟11)。三角形的手
綁花可以說是自然手綁花的標準形態,
而為了打破這種固定形態,一定會在螺
旋上方,手綁花的「下巴兩側的臉頰
處」添加一些蓬鬆零碎的花材,讓形狀
變成類似倒梯形,當花莖剪短放在桌面
上時,會讓人誤以為是桌花的程度。

將花莖剪齊。這種花的體積比較大的自
然手綁花,包括很長的孔雀尾手綁花,
不太喜歡留太長的花莖,原因是顏色的
斷裂。當花連接著手,手連接著絲帶與
裙襬,需要在視覺上更加柔和,因此只
留能夠吸水的長度就好了,螺旋以下留
持花人手掌的寬度+1cm左右。

step
15

固定花束所需的工具。花藝剪刀、花藝
防水膠帶、一長一短兩條絲帶、珠針。
花束綁點以花藝防水膠帶固定之後,加
上絲帶。在自然系風格裡,大家喜歡使
用柔和飄逸的真絲材質絲帶。絲帶的顏
色則取決於拍照背景,與花的顏色可以
是相近色,也可以是互補色。

再以短絲帶打個死結。不用綁成蝴蝶結，而是以手捏出多層皺褶，以珠針固定。

綁上絲帶的方法，為一長一短兩條絲帶一起繞著綁點，短絲帶在綁點上打結，長絲帶不用再繞一圈，直接夾在短絲帶上。

CHAPTER

3

案例分享

Success Case

了解了開設花店的各方面資訊後，
也來看看實際開店的成果吧！

Shop No.
01

alle studio
台南

● 品牌名稱	alle studio
● 所在縣市	台南
● 開業年資	5 年
● 團隊人數	1 至 2 人
● 社群經營	Instagram
● 客群定位	28 至 50 歲以上
● 選址原因	地理位置、交通便利與周邊生活機能齊全
● 營業時間	週間與每月一次週末，固定開設系統式基礎課程，其餘日期不定期開設體驗課程或舉辦主題式課程
● 業務內容	預約制花禮訂單、手工藝品賞析、系統式花藝教學課程、手作教學課程
● 想開發的新業務	希望加入更多元化的手作體驗課程，例如：陶藝、烹飪、烘焙、編織……等

● 販售通路	創意市集、社群網路、訂製商品採完全預約制
● 商業教學	曾與企業商家、大專院校、品牌活動等進行主題式合作教學
● 合作經歷	台南老屋陶藝作品展、咖啡廳與民宿的節日花藝教學、乾燥花店同業合作創意市集
● 經營理念	希望將自身的經驗、所得的風格、花藝專業與學習心得等，融合在教學過程中與學生分享、教學相長
● 經營前的準備	沒有特別計畫與準備，在一路學習德國花藝的過程中，需要有一個方便練習花藝的地方，因此開始漸漸發展出工作室的雛形。平時常在生活與工作之餘到處旅行、看展、上課，接觸不同風格、領域的事物
● 品牌形象	簡單的英文書寫體，搭配上手繪、線條簡單的花朵、葉子等圖案
● 品牌風格	希望是簡單、乾淨、清爽的，不喜歡過於複雜。利用一些隨手可得的材料進行自由創作，或是將不經意遇到的古董家飾用以妝點空間

● 品牌名稱	alle 的 Nina 老師在花藝學習路上，接觸最多的就是德國花藝相關的課程，最後為品牌取名是以德文中的單字「alle」做為品牌名。「alle」代表了「圓」與「All、全部」的意義，因為每一個人不管是在成長過程、自身的性格或是當下的這個狀態中，都一定會有一個缺角、或是覺得遺憾的區塊，想要被填滿，希望藉著 alle 的品牌、活動、課程的這些種種過程，讓自己去探索、尋找甚至是去療癒那個缺角、遺憾，從而將自己填滿成為一個真正的圓
● 未來規劃	穩定經營社群平台、提升自身的攝影技術。將平日與假日課程發展成常態性定期開課，尋找可以融合複合式課程的空間
● 給準備加入花藝行業新人的建議	想要成立自己的品牌，「人」才是決定品牌定位的主要因子，不要讓自己反被品牌風格綁架了

● 品牌名稱	艾莉娜花藝 Alinarose Flower Craft
● 所在縣市	台北市
● 開業年資	2008 年至今
● 團隊人數	2 人
● 社群經營	Facebook
● 客群定位	百貨飯店業、活動公關公司、從業至今所經營的熟客
● 選址原因	交通便利與花店業務進出貨方便
● 營業時間	平日上午 9：00 至晚上 6：00
● 業務內容	商業花禮、活動與會場佈置、花藝教學
● 想開發的新業務	增加新的服務範疇 EC 電子商務，將業務活動與交易網路化
● 販售通路	客戶之間口耳相傳與 Facebook
● 經營前的準備	國外花藝學校進修、國內大型連鎖花店實習

● 品牌形象	店主自己設計，字體結合玫瑰花的植物圖騰
● 品牌風格	自然風格為主，依照不同需求可進行客製化商品
● 品牌名稱	來自德文單字，代表「古典玫瑰」的意思
● 可提升之經營現況	花藝相關經驗者與專業人才較少，希望可以改善店內工作人員培訓上的困難
● 未來規劃	準備與不同領域的專業人才進行合作，推出相關活動與教學課程
● 給準備加入花藝行業新人的建議	除了興趣，更重要的是用心學習
● 開店後印象深刻的故事	當客人收到花禮時，感動的眼淚 提供許多上門的顧客從追求、生日、情人節、求婚、婚禮佈置、生子彌月、小孩的教師節……人生的一路上都有 Alinarose 的花禮陪伴，很感謝熟客多年以來的支持與愛護

03 九灰 JOY WHEN 台北市

● 品牌名稱	九灰 JOY WHEN
● 所在縣市	台北市
● 開業年資	4 年
● 團隊人數	2 至 5 人，主要是 2 人
● 社群經營	Instagram、Facebook 與官方網站
● 客群定位	顧客年齡層從 25 至 50 歲都有，多為小資族與貴婦
● 選址原因	交通便利、方便店內業務進出卸貨，滿足提供顧客取貨及洽談場所等空間需求
● 營業時間	時間非固定，完全採預約制服務
● 業務內容	公司行號與餐廳固定換花、婚禮活動佈置、品牌活動佈置、商業花禮、新娘花飾、生活花藝教學
● 想開發的新業務	目前沒有

● 經營理念	重視品質、為客戶著想
● 經營前的準備	沒有準備太多就不小心開始了。一開始是幫朋友做了第一場婚禮佈置，漸漸才開始接案。算是沒有想得很仔細就創業，期間做過一些花藝課程的學習，創業後隨時間推進，不斷做調整、更新及學習，就一直到了現在
● 品牌形象	以英文字 JOYWHEN 做設計。新的視覺識別主要以橙、黃色系為主，想呈現溫暖、愉快、打氣的 JOY 感
● 品牌風格	以德式花藝為背景，尊重大自然的原始樣貌，依據植物本身的線條與姿態，讓花卉引導我們設計，把自然美學放入日常生活
● 品牌名稱	九灰 JOYWHEN 英文是 JOY 跟 WHEN 兩個單字組成，代表了「保持愉快的心情，在任何時刻」，希望藉由我們的花藝設計可以助攻、達成這件小事
● 可提升之經營現況	商業模式需要加強的地方還很多，經營層面需要妥善規劃，把每個位置都放上不同角色。目前幾乎都是同一個人來做，導致業務不太能有更多進展

● 給準備加入花藝 行業新人的建議	①實際經營一間花藝工作室，會深深體會到「學會花藝設計」 和「經營一間花店」是完全不同的事情。「學會花藝設計」 在創業層面來說，只完成了 10%，其他的業務拓展、採購、 行銷活動、包裝設計、會計、風險管理、網站管理、產品製作、 品質管理等都是很大的課題。當然如果有足夠的資金，就可 以在每個對應位置上放入人才，會插花其實只是製作產品裡 的一小塊。創業要學得非常多而廣，且要懂得應變才能跟得 上變化多端的市場 ②除了花藝、設計、建築等相關書籍，也可多看看其他創業、 經營品牌相關書籍
● 開店後印象深刻 的故事	某位女客人來我們店裡買花，隔天她的老公也來買母親節的花打 算送老婆，經我們和他說明某位客人昨天有買過花，老公回家才 發現家裡有花。經過了一整天都沒發現，覺得真是可愛的客人！

· 官方網站　　https://joywhenflowerdesign.com/

艾瑞兒花藝
Ariel's Flower

高雄市

● 品牌名稱	艾瑞兒花藝 Ariel's Flower
● 創業歷程	原本擔任室內設計師，但花藝設計一直都是興趣所在，而空間中的花藝布置也是室內設計工作中的一環。後轉職珠寶捧花的設計，並開始投入花藝行業。設立一家小型花店後，開始慢慢依照流行的趨勢加入鮮花、不凋花、乾燥花……等品項
● 所在縣市	高雄市
● 開業年資	7 年
● 團隊人數	3 至 4 人
● 社群經營	Instagram、Facebook 與官方網站
● 客群定位	對於花卉禮品與空間布置有需求的客群（包含鮮花、不凋花、乾燥花、人造花）、想要學習花藝的客群（鮮花師資培訓、不凋花製作證照、生活花藝）、商業型的花藝教學活動
● 選址原因	交通便利、周邊環境方便停車、設址地點醒目
● 營業時間	週二至週日上午 10：00 至晚上 7：00
● 業務內容	各式花禮設計（包含外送）、婚禮捧花、空間布置、花藝教學

· 官方網站 **https://www.arielsbouquet.com/**

● 想開發的新業務	線上教學
● 販售通路	實體門市、網路購物
● 經營理念	法國時尚大師 Christian Dior 曾說：「花朵，是除了女性之外，上帝賜予這世界最美好的禮物。」確實如此，美麗的花朵可以帶給我們溫暖、喜悅、幸福，讓每一位愛花者都能在花朵裡得到快樂
● 經營前的準備	充分學習與多方觀摩
● 品牌風格	自然感的設計風格，將多媒材融入花藝設計，激發出各式創意，並與時俱進
● 品牌名稱	以女兒之名為花店名稱，希望有一種愛與傳承的力量
● 可提升之經營現況	豐富商品的多樣性
● 未來規劃	擴大店面規模，販售更多花材與周邊花藝資材
● 給準備加入花藝行業新人的建議	堅持理想，努力不懈

Shop No.
05

IZOLA
伊左拉花植工作室

高雄市

● 品牌名稱	IZOLA 伊左拉花植工作室
● 所在縣市	高雄市左營區
● 社群經營	Instagram、Facebook 與官方網站
● 想開發的新業務	週花服務，想將「鮮花」帶入每天日常生活中
● 品牌風格	莫蘭迪色調配上輕法式的裝修風格，時尚簡約中帶點小華麗，主打華麗感開幕花籃及多層次的韓式包裝花束
● 品牌名稱	品牌名稱「IZOLA」的由來，是源自於歐洲的一個美麗小鎮，名稱中的「ZOLA」也代表著「泥土」的意思，藉以期待品牌可以「回歸單純」作為品牌的象徵；整體設計透過時尚簡約的風格，讓大家看見花最原始的樣貌，探尋其中的美好
● 可提升之經營現況	人力有限，對花禮的製作要求完美，無法滿足臨時上門購買的客人，未來希望提供更多產品供客戶選擇

● 未來規劃	開設實體店面
● 給準備加入花藝 　行業新人的建議	充實自我，將品牌定位清楚
● 開店後印象深刻 　的故事	「在後車廂佈置鮮花」，這是一個前置作業比插花時間更久的故事。當初客人接洽時，說自己從來沒有送過女生花，但想給女友一個難忘的生日驚喜，希望在汽車的後車廂佈置鮮花，直到我們前往車廠量後車廂尺寸大小時，才知道生日禮物是一台全新的瑪莎拉蒂！到了佈置日，對車廂進行了徹底的防水保護措施，很怕污損客人的新車。當天一連串的生日驚喜與燭光晚餐佈置，讓我們都對男孩的用心感動不已。這是一個能使人幸福卻也辛苦的工作，但當看見客人滿意的笑容時，所有辛苦都被滿滿的成就感淹沒了

· 官方網站 https://izola-flower.com/

方巷 fang flower project
高雄市

● 品牌名稱	方巷 fang fiower project
● 創業歷程	2017 成立至今，2020 開始進駐門市
● 所在縣市	高雄市
● 開業年資	2018 年 6 月迄今
● 團隊人數	1 人工作室
● 社群經營	Instagram、Facebook
● 客群定位	主要為 25 至 45 歲女性
● 選址原因	目前經營模式偏向工作室型態，主要以教學及網路販售，故選址重點會以工作上是便利性為主要考量，例如：附近是否有郵局、銀行、便利商店（宅配）、文具行等。當教學規模逐漸擴大後，會更考量交通便利性、停車問題等
● 營業時間	星期三至日，下午 12：00 至晚上 7：00，採半預約制

● 業務內容	鮮花、乾燥花、永生花花藝訂製、商空佈置、花藝教學
● 想開發的新業務	藉由生活選物的開發，讓人們可以在花與非花之間，接觸過多與生活相關的事物，培養獨樹一格的生活品味及享受美好生活。未來希望可以建構生活選物平台，部分自己設計開發，例如日常物品，帆布包、飾品，或嚴選生活質感品牌，例如香氛、擺飾等，共同展現美好生活
● 販售通路	實體工作室、品牌社群網站、網路商店（Pinkoi、Pink pick 粉色選物店）
● 經營理念	「心的方向，花的生活提案」，花能使人心情沉澱，感受到心靈的平靜。品牌的成立初衷是希望不再因節慶送花買花，而是成為一種生活態度，享受自然的美好，擁有獨樹一格的自然風格與生活品味，方巷想做的就是生活的花提案。每株花草植物從新鮮到乾燥，不同階段都有不一樣色彩及姿態，掌握這些特色與元素，以獨樹一格的風貌重新詮釋花草世界的美。回歸到生活本質，創作出來的花藝作品才會讓人更貼近心靈，更有共鳴。創作的過程中我們不忘品牌初衷，以多元的商品呈現花的各種可能性，它可以是觀賞的，也可以是實用的，透過與花的接觸，希望消費者對花漸漸的關注甚至喜歡，慢慢的影響習慣而養成自我的花品味
● 經營前的準備	享受孤獨，勇往直前的心理準備

● 品牌形象	當初 Logo 的設計希望將重點放在品牌的意涵上,想以文字體現品牌初衷,希望可以藉由獨特、不受限的手寫書法字體,表現花的自然與無限可能。中文的『方巷』是由朋友贈予的手寫書法,轉為品牌 Logo。英文『fang flower project』則代表透過花的生活提案,讓人生活更美好
● 品牌風格	目前主打乾燥花的創作。風格為新與舊的交錯,以自然色系為主軸,喜歡以葉子和果實搭配在作品中,善用花材的姿態與特性,保持花材最初的自然樣貌,希望呈現自然舒服的氛圍,適合久放於生活空間之中,感受乾燥花不同階段的樣貌。「生活」是方巷主要的花藝設計概念,從配色到創作,希望可以回歸內心的本質,帶給消費者一種寧靜療癒的感受
● 品牌名稱	希望花可以普及在人們的生活之中,而這也是品牌創立的初衷與持續不變的方向,取其諧音,加入一些意象,想像在家附近的巷口,有一間花店就叫方巷
● 可提升之經營現況	因規模小,在整體包裝上會有成本的考量,難以大量製作品牌的包裝資材,整體性稍顯不足
● 未來規劃	以課程、商空佈置為主、商品為輔
● 給準備加入花藝行業新人的建議	量力而為,善用資源。品牌理念、初衷要先確認,因為創業過程曲折,難以預料的事很多,如果沒有明確的想法和核心,經營上很容易隨波逐流。而享受孤獨,就能突破萬難
● 開店後印象深刻的故事	其實很多時候的一些舉動,對我而言是提供顧客的便利,或是想像若是我自己會希望有怎樣的服務,也因為這樣的起心動念,往往收到顧客的暖心回饋。有些客人會特地在市集擺攤的期間特別前來探班或光顧,或是每次有推出新企劃,總是有固定班底會以行動支持。這些顧客的回饋,讓我一直很感動,也是努力提供美好生活的動力之一

馨香花店／芳雅花店／滿庭香 　台東市

● 品牌名稱	馨香花店／芳雅花店／滿庭香
● 所在縣市	台東市
● 開業年資	30 年／ 20 年／ 10 年
● 團隊人數	15 人
● 社群經營	Instagram、Facebook
● 客群定位	門市流動客戶、周邊市場的住宅與商家、家庭主婦、大小型公司企業
● 選址原因	原本創始攤位因轉型，後移至鄰近原位址的周邊店面
● 營業時間	週一至週日，全年無休，早上 6：00 至晚上 8：00

● 業務內容	凡是能做到的客戶要求都可以做
● 想開發的新業務	目前業務項目太過多元與繁瑣，逐漸調整與減少項目中
● 販售通路	實體店面、網路社群預約
● 經營理念	守護與延續家族傳承下來的使命，目前主要經營者為家族第二代，團隊成員中已傳承至第三代
● 經營前的準備	無
● 品牌形象	沒有特別的形象設計。為了將三間店的營業項目做區隔，因此使用不同的招牌與名稱
● 品牌風格	馨香花店是由現在經營者（第二代）的母親所創立，品牌起源是來自於父親的弟弟從中部帶來了各式各樣的蔬果苗與花苗給予父母親（當時為農業發展時期），於是開始將所種植的花卉與蔬果，透過騎著腳踏車沿街叫賣的方式販售。幾年過後將販售地點選定於市區的叫賣市場周邊，以擺路邊攤的方式持續經營了好幾年，之後因市場重新規劃，所以轉移到市場附近的店面，並因營業項目的擴展，陸續又開了芳雅與滿庭香兩間店面
● 品牌名稱	馨香是沿用創立時的名稱
● 可提升之經營現況	目前是轉型的溝通與猶豫期，由於鄰近在原本市場的周邊，一方面考量到轉型後流失原本已習慣消費型態的熟客；另一方面則為市場消費型態的變化已經改變，如果想要留住吸引過路的流動客人，或來自網路搜尋而來的客群，翻新店面會提高客人的信任度與提供更精緻的消費體驗
● 未來規劃	翻新店面

Prozess Flower
普羅賽斯花藝咖啡廳

台東市

● 品牌名稱	Prozess Flower 普羅賽斯花藝咖啡廳
● 所在縣市	950 台東縣台東市馬亨亨大道 915 號
● 開業年資	2020 年 9 月開幕
● 團隊人數	4 人
● 社群經營	Instagram、Facebook
● 客群定位	咖啡廳及花藝的客群有一部分是重疊的，旨在讓台東的在地人和來旅遊觀光的客人，可以有更多花藝相關的選擇，以及美學、生活體驗的可能
● 選址原因	由自宅改造。花園結合店面，視野有遼闊的山景，來客可以在花園、草地放鬆。店址距離車站、市區僅五分鐘車程，且周邊環境停車方便
● 營業時間	無公休，每天上午 10：30 至晚上 6：00
● 業務內容	咖啡廳提供了甜點、輕食、咖啡、茶類與特色甜飲等。花藝服務則包含花藝工作室、花藝教學、花藝海外遊學、活動佈置、婚禮佈置等。空間部分為場地空間出租

● 想開發的新業務	規劃為期兩、三天的台東花旅,讓各個縣市的學員可以參與我們的花藝課程,更可以體驗台東在地文化。希望藉由台東大自然景觀,搭配設計大型作品的課程,讓大家有一段難忘的花藝課與旅行相結合的回憶
● 販售通路	Instagram 私訊預訂
● 經營理念	讓我們的客人在舒適的環境中,品嚐專業的咖啡飲品和甜點,享受美好的休憩時間,或與家人朋友度過歡樂的時光。另外也可以欣賞選購豐富多樣化的花藝作品、參與花藝課程,為生活帶來更多美好的可能
● 經營前的準備	透過網路找到理論與實際訓練兼具的德式花藝學校,開始進行花藝學習,並前往德國考取花藝師的證照,之後也前往比利時和韓國參與花藝培訓。另外也投入花藝產業從業,於實際的商業模式中學習經驗。思考規劃品牌風格與調性,實際走訪台灣和海外多家咖啡廳、花店與花藝教室。餐飲方面則學習進修咖啡與調飲的知識
● 品牌形象	To imprint the value of the process.

● 品牌風格	作品常以韓式風格和台灣季節性花材為發想,設計出屬於這個季節獨特又精緻的花禮。店鋪裝修也以韓式、北歐風格來規劃,選擇白色及木質調的元素,讓自然的採光從窗戶外灑進,營造出溫柔又舒適的空間
● 品牌名稱	發想自德文,從「我」到「我們」的過程
● 可提升之經營現況	台東在地的花藝人才較少,營業相關第一時間可以取得的後備資源,對於外縣市來說較為劣勢。花店業務的資材廠商少、選擇方面亦少,皆需仰賴外縣市進貨,耗時較長
● 未來規劃	各大自媒體的創作,產生更多的曝光
● 給準備加入花藝 行業新人的建議	不要盲目的跟風流行,忠實的呈現自我風格,建立自我的粉絲或客群
● 開店後印象深刻 的故事	曾經接到一個婚禮佈置的案子,案主新郎是原住民,新娘是即將嫁入鹿野的外地人,協助他們婚禮當天的花藝佈置。讓人印象深刻的是,身為原住民龍舟選手的新郎,以百萬牽引車拖著整條龍舟,迎娶新娘進門,場面相當壯觀!

● 品牌名稱	夏比花園
● 所在縣市	高雄
● 開業年資	2016 年至今
● 創業歷程	當時想要擁有一個自己的小世界,種滿歐式園藝風格的花草,既可以當會場佈置使用的花材與葉材,也是一個讓自己像是回到歐洲的小花園
● 開店最難的部分	因台灣南部天氣炎熱,加上地球暖化,每年的氣溫逐年升高,不僅人的體力負擔大,很多植物也更難照顧,不容易渡夏;另外,因國人對於旅遊景點的制式想法,容易誤認為夏比花園是景觀餐廳或庭園咖啡,常以餐飲業的規格來看待,例如要求增加花園內部電風扇數量,但花園其實不應該出現太多的電風扇畫面
● 開店最快樂的事	可以實現自己的夢想,想逃離城市喧囂時,就趕快躲進自己的小歐洲。當遇到綠手指同好時,看他們真心的享受花園一草一木,這是開店最滿足的時刻
● CI 設計想法／店名想法:	以 Shabby Chic 古舊風格的音譯作為名稱,辨識度高也容易記得,同時和大自然有所聯結,而夏也代表四季中的夏

● 室內（花園）設計風格的想法	喜歡英式花園的自然不過度修飾，因此在配置植物時，盡量以自然植生的方式安排。溫室內也種滿花草，讓人分不出是由室內延伸到戶外，還是由戶外延伸至室內
● 可提升之經營現況	雖然想以自然植生的方式建構花園，不過因同時為商業空間，需要顧及顧客於花園參觀時的方便性與舒適度，植物常無法隨意配置。且也需配置電風扇等與花園有違和感的電器
● 想要開發的新業務	由原先的花藝服務，延伸到園藝景觀服務
● 考量開店地點的因素	花店需要考慮地區性（商業區／住宅區等因素），花園則需考慮交通是否容易抵達與是否好停車，另外更需考慮周邊的商圈。夏比花園的困難點在於附近無同質性商圈，除最近的宗教性景點──佛光山，還有 15 分鐘車程的義大世界，花園附近是沒有商圈的
● 網路平台	目前以經營臉書粉絲專頁為主，尚未考慮線上訂購
● 開店遇到的問題	花園的問題就是夏季，除了高溫，還有颱風的干擾。當颱風來臨時，我們需花一整天，將脆弱的植物全部搬到溫室裡避難；當颱風天過後，再一棵一棵搬出來
● 營運目標對象	目標對象為對花藝或園藝有高度興趣的人，另外也希望藉由週末開放，讓原本對花草沒興趣的消費者，也能因喜歡花園的氛圍，感受到花草的魅力

Dear All florist 基隆市

● 品牌名稱	Dear All fiorist
● 所在縣市	基隆市
● 開業年資	6 年
● 團隊人數	1 至 2 人
● 社群經營	Instagram、Facebook
● 客群定位	主要客群為對花藝有興趣或需要花禮的人群,提供鮮花和不凋花等相關服務
● 選址原因	於三樓的三角窗轉角,具有老式建築的外觀和磨石子階梯,都是自己所鍾愛的元素。位置在基隆火車站旁,也接近客運轉運站,即使是外縣市的客人搭乘客運來此,下車後步行三到五分鐘即可到達,附近亦設有汽機車停車場。
● 營業時間	週日到週二,下午 1:00 至下午 6:30
● 業務內容	花藝教學、花禮設計、婚禮花藝相關、商業合作與場地佈置等
● 想開發的新業務	想與更多品牌合作,往創作型作品的方向發展
● 販售通路	店面、網路(如:訊息訂購、pinkoi 等線上平台)
● 經營理念	將美的事物帶回基隆,透過花藝的方式為客人及幼兒美學,營造美好的體驗
● 經營前的準備	參加花藝課程並學習相關知識,為創業做好準備

● 品牌形象	以花朵在手中綻放為主題，象徵著品牌的美感和創造力
● 品牌風格	不凋花和乾燥花作品展現出明顯的復古色系，而鮮花則順應季節挑選，並通過包裝方式展現品牌的風格
● 品牌名稱	品牌名稱「Dear All」取自攝影、老物件、黑膠和生活選物等領域。店內充滿著喜愛的各種元素
● 可提升之經營現況	受限於空間的因素，目前現場可以選購的成品數量較少，以訂製為主。為了提供更多選擇和便利性，期望進一步改善空間，將不凋花和鮮花的展示區域劃分得更加明確
● 未來規劃	將不凋花和鮮花做更明確的空間區隔，為客人提供更豐富的選擇。同時希望與更多品牌合作，創作出更具創意和獨特性的作品，為客人帶來更多驚喜和美感
● 給準備加入花藝行業新人的建議	①尋找自己的風格：花藝是一種表達個人創意和獨特性的方式。花藝師的風格應反映個人風格和美學觀。嘗試不同的花材、色彩和佈置方式，以發現令你獨一無二的風格 ②持續學習和提升：花藝是一門永無止盡的藝術形式。保持學習的態度，並不斷追求專業知識和技能的提升 ③品牌價值的重要性：不以低價競爭會是一個比較明智的選擇。專注於提供高品質的作品，建立一個獨特的品牌價值主張，強調你的專業水準、創造力和對細節的關注，將吸引那些重視品質和專業的客戶 ④品味和創意的平衡：在保持自我風格的同時，要注意與客戶的需求和喜好保持一定的平衡。與客戶進行良好的溝通，聆聽他們的意見和期望，並運用你的專業知識和創意，來創造獨特且符合客戶喜好的花藝作品
● 開店後印象深刻的故事	一位先生為了慶祝太太的生日而傳訊息給我們，先生非常細心地描述了太太的喜好和個性，以確保能夠製作出完美符合太太喜好的花束。當他們一起來到花店取花時，我不禁感覺好像自己和太太已經認識了很長時間。隔年，當先生再次前來訂購花禮時，他自我介紹道：『我是那一位很囉唆，講很多太太的事的某某。』是一對非常可愛的夫妻！

看見綠花藝 SAW Florist
台南市

● 品牌名稱	看見綠花藝 SAW Florist
● 所在縣市	台南市
● 開業年資	8 年
● 團隊人數	4 至 5 人
● 社群經營	Instagram、Facebook
● 客群定位	喜愛精緻花禮、個人需求客製、特色花藝設計、節日現貨花禮、自然風格喜好者等客群
● 選址原因	門市地點位在市中心的觀光區域，可接觸到各地的旅客，增加曝光率
● 營業時間	週三公休，上午 10：00 至 下午 7：00
● 業務內容	鮮花與永生乾燥花藝設計、婚禮花藝、花藝教學、空間佈置
● 想開發的新業務	花藝創業培訓課程、生活美學推廣
● 販售通路	門市實體販售、線上網路訂購、百貨選物專櫃寄售
● 經營理念	希望透過多元的設計手法，融合商品化與生活化的概念，將花藝與園藝的生活美學，傳遞給喜愛自然的大家

● 經營前的準備	增加多方位花藝的技能、時時觀察流行趨勢、找到一起創業的夥伴
● 品牌形象	商標以立體剪影的 SAW 字母作為 Logo，希望突顯其立體感以象徵這三個字成為容器，承載對花藝、自然、綠意的希望與精神
● 品牌風格	看見綠擅長於結合不同的花藝材質，從乾燥花、永生花、擬真花、鮮花、植栽等，在作品裡帶入自然與真實的設計手法以及理念，讓作品呈現更多元的變化
● 品牌名稱	英文字母 S、A、W 剛好各別代表 Sun（陽光）、Air（空氣）、Water（水），是大自然所需的三大元素，象徵我們對自然的喜愛。組合起來剛好為 SAW（英文「看見」的過去式），因此有了中文「看見綠」的聯想，希望大家來店裡時，能看見綠意、看見自然
● 可提升之經營現況	需要持續學習更多國際的花藝專業知識，尋找台灣花藝的定位
● 未來規劃	推廣環保永續花藝、提倡自然為主的花卉體驗
● 給準備加入花藝行業新人的建議	多方學習專業的花藝知識、慢慢塑造屬於自己的風格、保持對花藝的熱情
● 開店後印象深刻的故事	曾遇過離職環島暫住台南的旅客，特別來門市學習花藝放鬆心靈，希望找尋自己的人生方向與未來工作。一年後再次見面，旅客也投身花藝工作，並提及之前上課時給她的鼓勵與信心，讓她有了新的人生方向！

花店經營者的日常保養

身為一位經營者兼花藝設計師，一身穿著搭配得體，站在陽光灑落的玻璃屋中，伴隨著徐徐微風擺弄著五彩繽紛的花束，透過自己的雙手創造出無數個美麗的花藝作品……這一切是不是你對於經營一間花店的美好想像呢？

然而事實卻是，常常被花莖刺傷、工具劃傷、搬重扭傷、做佈置曬傷，處理花材、栽種盆栽等，讓一雙手變得粗糙、髒污。而搬運商品、整理店鋪、倒垃圾，有時候也會因為施力不當而受傷。長時間的站立與走動，也是日常工作中的家常便飯。

身為一位花店的經營者，同時也是一位花藝設計師的角色，有適當的防護與保養，才能真正延長我們的職業壽命。如何在花店這個行業走的更遠、更久，在最後這個篇章總結了我從業以來自身的慘痛經驗，真心與大家分享在工作日常中，應該注意哪些部分，來達到保護我們的身體健康。

手

身為一名花藝設計師，自然不可能十指不沾陽春水，靈巧的雙手是陪伴我們的珍貴寶藏，一起攜手走過花藝生涯，這一路可能不知不覺中，就過了數十個年頭。關於手部的保養，可以從下面的幾個建議方向來進行。

· **定期使用手部保養用品：** 日常工作中需要時時補充護手霜，晚上睡前在塗抹完後，可以戴上手套或是使用手部面膜加強保養，遇到天氣寒冷或是手部容易乾裂的季節，可以準備滋潤度更高的護手產品。在基礎保養之外，花藝師也容易因為常常接觸到植物或是處於戶外的工作環境時，造成皮膚過敏或蚊蟲咬傷等現象，針對這種狀況要預先準備一些防護用品或藥品。

· **善用每一種專業工具：** 工欲善其事，必先利其器。花店是一門勞動量非常大的工作，善用每一項工具可以協助我們減少工作時間、減低工作強度。例如在修剪非常粗硬的木本植物時，一定要使用木本剪刀（甚至是鋸子），處理某些特定花材時，練習使用花刀而不是花藝剪刀。當我們學會使用這些專門設計過的工具，可以大大減緩手臂、手腕頻繁的施力，將力量分散於身體的其他部位，可以避免手腕因長時間的工作而受傷。

· **使用嬰兒油的小技巧：** 有些人會以去角質或是強力刷洗的方法，除去雙手因處理花材或是園藝工作後，留在指縫及手掌間的泥土及黏附的殘污，這時不如換個方式吧！利用嬰兒油均勻塗抹在手上進行搓揉，再以厚紙巾擦拭，最後使用棉花棒輔助去除指縫間的藏垢，如此一來不但可以輕易的去除髒污，嬰兒油的油脂更可以達到滋潤護手的功效！

· **穿戴手套與護具：** 花材中有一些特定的品種，會在處理過程中產生讓人過敏的汁液或容易沾黏的乳汁，所以在處理花材時養成戴手套的習慣，就可以降低發生過敏的機率，也可以避免被花材割傷或是刮傷。戴手套也可以防護手部因需要接觸大量花材與長時間的整理，所造成的手部乾澀與防止農藥殘留等狀況。花店日常工作中也包含了需要搬運不同

的物品，這時候針對各種狀
況，也要記得戴上不同強度
的防護手套甚至是護腕。

腰

腰部支撐著我們的上半身，負責維持姿勢的平衡，光只是站立就會對腰
部產生一定的負擔，更遑論長時間站立及彎腰工作了！好好的保養腰
部，包含：

· **避免彎腰搬重物**：彎腰搬重物的瞬間因為腰椎不當受力，容易造成椎
  間盤突出壓迫到神經導致疼痛。最好的搬運方式應該是，先蹲下，雙手
  將重物往身邊靠再緩緩抬起，這樣的姿勢會使用到大腿的大肌肉群來分
  散壓力避免腰部受傷，如果害怕因長期搬運導致腰部受傷，一樣可以穿
  戴護腰等護具做防護。
· **避免長時間維持同姿勢與姿勢不良**：容易腰痠背痛，正是長時間的姿
  勢不正確所造成的，應該在彎腰一段時間後進行適度的休息，讓身體挺
  直腰桿並伸展四肢。每天睡前可以模仿貓咪拱背的姿勢，做腰部拉伸動
  作，如此一來就可以舒緩我們的腰部肌肉。

足

長時間的站立及搬運、處理業務時的行走，對於雙腳都會造成不小的負
擔，為此我們可以嘗試以下幾個提案，用來保護雙腳並且舒緩足部的壓
力。

· **擁有一雙好鞋：**不停拿取及處理花材之間，不知不覺我們也行走了好幾萬步。穿著一雙好走、舒適的機能鞋或工作鞋，可以讓我們足部壓力得到緩解，更可以減少站立一整天所帶來的酸脹感。從事花藝工作時，建議穿著包鞋而非涼鞋，避免行進過程中，尖銳工具不慎掉落時可能造成的傷害。

· **抬腿運動：**睡前善用抬腿枕頭，或是將雙腿貼近牆面做簡易的抬腿動作，可以促進血液循環、幫助肌肉拉伸、減緩水腫症狀、調節全身的氣血。

· **壓力襪：**因為久站產生的不適感，不妨試看看穿著壓力襪吧！一雙好的壓力襪可以幫助你預防靜脈曲張，增強肌肉收縮及血管支撐，提高血液回流速度，減輕腿酸、腿腫、腿脹的問題。但要注意的是穿著壓力襪並不是越緊越好，穿著不適合的壓力襪可能會造成血管加壓過高加速血管擴張，反而影響了正常的血液循環，選擇適中丹尼數、符合自己需求才是最重要的！

身心

一名花藝師忙碌地穿梭在各種工作場合乃是常態，趕場時更是希望自己能擁有三頭六臂，或是有分身可以同時操作！在繁忙的工作日常，因為花兒們的陪伴，我相信大多數時間都是開心的，但是也別忘記，我們還是要認真的照顧好自己的身體，好好的吃飯、好好的休息，讓工作與休息完全獨立、分開，讓身體與心靈都得到完整的平靜與呵護，唯有如此才能讓腦中靈感好好的發揮！更能突破既有的框架，創作出更好的作品。

感謝

2017年6月時簽了出書的合約，終於拖到現在才完成。寫書的過程中間一度得了拖延症，連自己都懷疑自己，真的會有完成的一天嗎？

細數這段期間，疫情前幾乎每一年都會帶著學生到德國、首爾進行花藝遊學，這也讓我結交了很多優秀的花藝師好友，2018年和學生一起到了法國Catherine Muller Paris的花店學習，其中還有許多每年固定的行程，像是到德國FDF總部，帶領學生在德國當地完成國際花藝師的檢定考試，在台灣一年當中也有無數次的研討會課程……都是因為經歷了這一切，才有今天的我，才能累積出這一本書，帶給大家更多的養分。

在此，要感謝韓國Duo des fleurs的裴熙德老師讓我可以在書中與大家分享她的花藝作品。因為多次在首爾遊學，親身見識到韓國的花藝師，除了對花藝的精進，對於品牌、店舖甚至是自身的形象管理都做到極致。每一次的韓國旅行中，最不能忘記的是來自於內蒙古的口譯老師——蘇葉，陪我們在韓國走過春夏秋冬每一個季節，甚至是零下爆冷的首爾，不只有當地的人蔘溫暖了我們的身體，更有蘇葉老師的體貼幽默溫暖了我們的心。

謝謝許許多多來過台灣指導我們的外國老師，日本的橋口 學老師、德國的Faber、Thea、Torsten、Gabriele老師……從他們的身上學習到的身教與言教、對於花藝的熱誠與高度自律的習慣，這一切的一切，對於我這個有點「草莽」的個性，有了更大也更新的啟示，更成為我花藝教育路上養分的來源，與可以一直堅持下去的動力。

能夠完成教大家開花店的這本書，最先要感謝的就是給過我每一張訂單的客戶，因為你們給了我一次又一次歷練的機會，成為我經營下去的推手。也要感謝這些年，來到花藝教室上課的學生們，書中訪問到的每一個實例，都是曾經來到教室學習過的學生，因為他們的優秀成就了他們現在所有的一切，很開心在花藝道路上，可以讓我這位走的比較前面的老一輩，可以陪伴他們成長。

最後要感謝一起完成這一本書的所有工作人員！第一位就是在書中出現的招牌模特兒Dodo老師，Dodo老師經歷了許多年的花藝遊學、研討會、檢定，現在已是一位經驗豐富的老師；還有教室的招牌——彩玲老師、雪菁老師與政旺老師，謝謝他們幫我蒐集整理資料，更是我們教室的天使老師；謝謝方巷的Jo幫忙攝影，謝謝森林遇的佳玲提供的手繪稿，還有一起整理這好幾萬字的Tiara與Roger，謝謝你們！

最後壓軸，要謝謝轉型教學的這幾年，不管我一直橫衝直撞，總是會在一旁幫我踩煞車，還有被現實逼迫到快要崩潰前，撐著我的人，今天的我有這一點小小的成績，都是因為有妳，我們的老闆Joy！

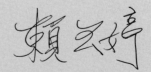

後 記

獻給妳——

令人愉快，就像妳的笑靨。

黃色，使人心情愉快，

黃色，是夏天的顏色，

黃色，是樂觀耀眼的，

黃色，是讓人感覺不穩定，

每次上課時，總是聽到妳的剪刀繫著的牛鈴鐺。

我們曾一起去過德國學習花藝，

在我們學花的小團體無人不曉的，

在2017，我們失去了她。

獻給曾經一起學習花藝的同學——衍紋。

最後祝福大家——

從學習花藝中然後忘記學習，

從練習花藝中然後忘記練習，

從技能然後忘記變成本能。

讓插花、習花像呼吸一樣自然，

成為你身體的本能，

最終有琴有書有花的陪伴，一起荒度人生吧！

花店創業計劃書，從興趣到專業的心法攻略

開店流程‧經營實務‧必備商品

國家圖書館出版品預行編目資料

花店創業計劃書，從興趣到專業的心法攻略：
開店流程‧經營實務‧必備商品 / 賴玉婷著. --
初版 . – 新北市：噴泉文化館出版，2023.09
  面；　公分 . -- (花之道；78)
ISBN 978-626-96285-0-6 (平裝)
1. 花卉業 2. 創業 3. 商店管理

489.9　　　　　　　　　　　　111015184

作　　　　者／賴玉婷
發　行　人／詹慶和
執 行 編 輯／劉蕙寧
編　　　　輯／黃璟安‧陳姿伶‧詹凱雲
執 行 美 術／周盈汝‧陳麗娜
美 術 編 輯／韓欣恬
攝　　　　影／MuseCat Photography 吳宇童
圖 片 提 供／花時間國際花藝學院
插　　　　畫／韓佳玲
模 特 兒／Chia Flower 石庭嘉
出 版 者／噴泉文化館
發 行 者／悅智文化事業有限公司
郵政劃撥帳號／ 19452608
戶　　　　名／悅智文化事業有限公司
地　　　　址／新北市板橋區板新路 206 號 3 樓
電　　　　話／（02）8952-4078
傳　　　　真／（02）8952-4084
電 子 信 箱／ elegant.books@msa.hinet.net

2023 年 9 月初版一刷　定價 580 元

經銷／易可數位行銷股份有限公司
地址／新北市新店區寶橋路 235 巷 6 弄 3 號 5 樓
電話／（02）8911-0825
傳真／（02）8911-0801